U0174831

镁基层状金属复合板制备及其界面连接行为

太原理工大学　张婷婷　著

机械工业出版社

本书针对层状金属复合材料制备过程中界面连接这一关键问题，以镁/铝合金、铝/镁/铝合金、镁/铜合金、镁/钛合金和镁合金/不锈钢复合板的组元设计、加工制备技术、界面结构调控、性能强化机制和界面连接机理为主线展开，试验表征与数值建模相结合，重点阐释异质材料界面连接过程中的机械塑性形变、物理元素扩散和化学冶金反应行为。此外，本书提出一种新型脉冲电流辅助轧焊层状复合板制备技术，可实现小压下率参数下的镁/铝合金复合板制备，着重介绍界面连接过程中机械啮合、元素扩散和瞬时液相反应的连接机理。

本书可供从事异种金属焊接与连接、层状金属复合材料设计与开发的科研工作者、研究生、工程技术人员和管理人员使用和参考。

图书在版编目（CIP）数据

镁基层状金属复合板制备及其界面连接行为/张婷婷著 .—北京：机械工业出版社，2023.9
ISBN 978-7-111-74098-8

Ⅰ.①镁… Ⅱ.①张… Ⅲ.①镁基合金—层状结构—复合板—研究 Ⅳ.①TG146.22

中国国家版本馆 CIP 数据核字（2023）第 201579 号

机械工业出版社（北京市百万庄大街22号　邮政编码100037）
策划编辑：丁昕祯　　　　　　责任编辑：丁昕祯　杜丽君
责任校对：樊钟英　薄萌钰　　封面设计：张　静
责任印制：邓　博
北京盛通数码印刷有限公司印刷
2024 年 1 月第 1 版第 1 次印刷
184mm×260mm · 12.5 印张 · 2 插页 · 306 千字
标准书号：ISBN 978-7-111-74098-8
定价：98.00 元

电话服务　　　　　　　　　　网络服务
客服电话：010-88361066　　　机　工　官　网：www.cmpbook.com
　　　　　010-88379833　　　机　工　官　博：weibo.com/cmp1952
　　　　　010-68326294　　　金　书　网：www.golden-book.com
封底无防伪标均为盗版　　机工教育服务网：www.cmpedu.com

前　言

随着航空航天、轨道交通、运载装备、国防军事等领域快速发展，以及对材料轻量化、结构功能一体化的综合特性要求不断提升，绿色、轻质、高强的镁基金属复合材料受到极大关注。

镁及镁合金材料作为密度最小的工程用金属结构材料，在机械运载和武器装备轻量化等领域具有极大的潜在应用价值，推广其大规模应用也是实现"双碳"战略目标的有效途径之一。因此，提出以镁合金为基板，将其与各金属板材复合制备成层状金属复合板，以发挥镁合金轻质高强的优势，同时具备覆层金属材料的结构或功能优势，可满足不同服役环境下工程应用的需求。

本书针对层状金属复合板材制备过程中界面连接这一关键问题，围绕复合材料组元设计理念、加工制备技术、界面结构调控与性能强化机制展开系统分析介绍。研究对象涵盖镁/铝合金、镁/钛合金、镁/铜合金、镁合金/不锈钢、铝/镁/铝合金，重点讲述镁基层状金属复合板的爆炸复合、爆炸轧制复合、脉冲电流辅助轧焊层状复合板制备技术及制备过程中的界面连接行为。

本书共9章。第1章概述了层状金属复合板的制备技术及发展趋势，层状金属复合板研究的共性问题，以及层状金属复合板发展的创新思路。第2章讨论镁基层状金属复合板的爆炸焊接制备与数值建模。第3~7章分别探究镁/铝合金、铝/镁/铝合金、镁/铜合金、镁/钛合金、镁合金/不锈钢爆炸焊接复合板的界面连接行为。第8章探讨镁/铝合金爆炸轧制复合板制备及其界面连接行为。第9章介绍脉冲电流辅助镁/铝合金轧焊复合板制备及其界面连接行为。

本书的出版得到了国家自然科学基金青年项目（51805359）和国家自然科学基金面上项目（52075360和51375328）的资助，得到了作者所在研究团队的大力支持和帮助。在此感谢太原理工大学先进成形与智能装备研究院、太原理工大学机械与运载工程学院、太原理工大学材料科学与工程学院的王文先教授团队和曹晓卿教授团队，以及向相关研究中提供爆炸焊接实验支持的太钢复合材料厂范述宁高工，同时真诚感谢在本书出版过程中对笔者提供帮助和支持的相关单位和个人。

由于作者水平有限，书中疏漏及不妥之处在所难免，敬请读者批评指正！

张婷婷

目　录

前言

第1章　概述 ················· 1

1.1　层状金属复合板的制备技术及发展
趋势 ················· 1

1.1.1　层状金属复合材料的发展历程 ··· 1

1.1.2　层状金属复合板的制备技术 ······ 2

1.1.3　镁基层状复合板的研究现状 ··· 6

1.2　层状金属复合板研究的共性问题 6

1.2.1　层状金属复合板设计的关键 ····· 7

1.2.2　层状金属复合板界面的连接
理论 ················· 8

1.2.3　层状金属复合板界面连接行为的
试验表征 ··········· 9

1.2.4　层状金属复合板界面连接行为的
数值建模 ········· 10

1.3　层状金属复合板发展的创新思路 ····· 11

1.3.1　基于结构功能复合板的组元
设计 ··············· 12

1.3.2　基于复合板连接界面的结构
调控 ··············· 12

1.3.3　基于外加能场辅助加工的制备
技术 ··············· 12

参考文献 ··········· 12

第2章　镁基层状金属复合板的爆炸
焊接制备与数值建模 ··········· 14

2.1　引言 ················· 14

2.2　爆炸焊接复合板的研究现状 ········· 14

2.2.1　爆炸焊接的发展特点 ····· 14

2.2.2　爆炸焊接复合的共性问题 ········· 17

2.3　爆炸焊接装配形式 ··········· 18

2.4　爆炸焊接的关键技术参数 ············· 19

2.5　爆炸焊接窗口 ············· 20

2.5.1　爆炸焊接窗口修正 ············· 20

2.5.2　铝/镁合金爆炸焊接窗口 ····· 22

2.6　爆炸焊接复合的特点 ··········· 23

2.6.1　材料组合多样性 ········· 23

2.6.2　动态冲击特性 ········· 23

2.6.3　碰撞区的特性 ········· 24

2.6.4　界面等离子体 ········· 24

2.6.5　波形界面形貌特征 ········· 24

2.7　爆炸焊接复合的有限元建模 ·········· 25

2.7.1　有限元模型的选择 ············· 25

2.7.2　镁/铝合金爆炸复合的本构方程及
参数 ··············· 26

2.8　本章小结 ················· 26

参考文献 ··········· 26

第3章　镁/铝合金爆炸焊接复合板的
界面连接行为 ················· 30

3.1　引言 ················· 30

3.2　复合板的宏观形貌特征 ········· 30

3.3　复合板连接界面形貌特征 ············· 31

3.3.1　沿爆炸焊接方向连接界面的形貌
特征 ··············· 31

3.3.2　连接界面的几种典型形貌特征 ··· 33

3.3.3　波形界面的形成机理 ····· 35

3.3.4　影响波形界面的因素 ····· 39

3.4　复合板连接界面的漩涡结构特征 ····· 41

3.4.1　漩涡结构界面形貌特征 ····· 41

3.4.2　漩涡结构内物相组成 ····· 41

3.4.3　漩涡结构内组织形貌 ····· 43

3.4.4 局部熔化区组织结构 ········· 43
3.5 基体中绝热剪切带特征及形成机理 ··· 45
3.5.1 绝热剪切带的组织特征 ········· 45
3.5.2 绝热剪切带的形成过程 ········· 46
3.5.3 绝热剪切带的影响因素 ········· 50
3.5.4 绝热剪切带的微纳力学行为 ··· 52
3.6 近界面基体组织演变特征 ········· 53
3.6.1 镁合金侧近界面组织演变 ··· 53
3.6.2 铝合金侧近界面组织演变 ··· 62
3.7 复合板连接界面的接合机理 ········· 64
3.7.1 复合板连接界面的扩散反应
连接 ·········· 64
3.7.2 复合板连接界面的塑性形变
啮合 ·········· 72
3.7.3 复合板连接界面的冶金熔化
连接行为 ·········· 74
3.8 复合板连接界面的静载力学性能 ······ 78
3.8.1 复合板连接界面微区硬度分布 ··· 78
3.8.2 复合板连接界面压剪强度 ········ 79
3.8.3 复合板连接界面拉剪强度 ········ 81
3.9 焊后热处理复合板组织性能 ·········· 84
3.9.1 复合板的退火工艺 ·········· 84
3.9.2 退火态复合板的连接界面特征 ··· 84
3.9.3 退火态复合板的组织特征 ········ 86
3.9.4 退火态复合板的力学性能 ········ 88
3.10 本章小结 ·········· 93
参考文献 ·········· 95

第4章 铝/镁/铝合金爆炸焊接复合板
的界面连接行为 ········· 100
4.1 引言 ·········· 100
4.2 复合板的制备工艺 ·········· 100
4.3 复合板的宏观形貌特征 ·········· 101
4.4 复合板的边裂现象及原因 ·········· 102
4.4.1 爆炸焊接过程中的应力波
作用 ·········· 102
4.4.2 应力波作用下的反射断裂
现象 ·········· 104
4.4.3 应力波影响的数值模拟研究 ··· 105
4.5 复合板连接界面的形貌特征 ········· 109

4.6 复合板的力学性能 ·········· 110
4.6.1 复合板显微硬度分布 ·········· 110
4.6.2 复合板连接界面结合强度 ········ 111
4.7 本章小结 ·········· 112
参考文献 ·········· 113

第5章 镁/铜合金爆炸焊接复合板的
界面连接行为 ·········· 114
5.1 引言 ·········· 114
5.2 复合板的制备工艺与数值建模 ······ 114
5.2.1 制备工艺 ·········· 114
5.2.2 数值建模 ·········· 115
5.3 复合板连接界面形貌特征 ········· 116
5.4 复合板连接界面物相组成 ········· 118
5.5 近界面基体组织演变特征 ········· 120
5.6 复合板连接界面的接合机理 ········· 122
5.7 复合板的力学性能 ·········· 123
5.7.1 复合板连接界面微区性能 ········ 123
5.7.2 复合板连接界面结合强度 ········ 124
5.8 本章小结 ·········· 125
参考文献 ·········· 125

第6章 镁/钛合金爆炸焊接复合板
的界面连接行为 ·········· 127
6.1 引言 ·········· 127
6.2 复合板宏观形貌特征 ········· 127
6.3 复合板连接界面微观组织 ········· 128
6.4 复合板的力学性能 ·········· 130
6.4.1 复合板连接界面压剪强度 ········ 130
6.4.2 复合板拉伸性能 ·········· 131
6.4.3 复合板弯曲性能 ·········· 132
6.4.4 复合板冲击韧性 ·········· 133
6.4.5 复合板显微硬度分布 ·········· 134
6.5 焊后热处理复合板组织性能 ········· 136
6.5.1 热处理态复合板连接界面组织
成分 ·········· 136
6.5.2 热处理态复合板连接界面硬度
分布 ·········· 139
6.6 铝过渡层镁/钛合金复合板形貌
特征 ·········· 139
6.6.1 复合板宏观形貌特征 ·········· 139

6.6.2 复合板连接界面形貌特征 ······ 140

6.6.3 复合板连接界面元素扩散
行为 ······ 141

6.7 铝过渡层镁/钛合金复合板力学
性能 ······ 142

6.7.1 复合板显微硬度 ······ 142

6.7.2 复合板连接界面剪切强度 ······ 143

6.7.3 复合板拉伸性能 ······ 145

6.7.4 复合板弯曲性能 ······ 146

6.8 本章小结 ······ 147

参考文献 ······ 148

第7章 镁合金/不锈钢爆炸焊接复合
板的界面连接行为 ······ 150

7.1 引言 ······ 150

7.2 复合板的制备工艺 ······ 150

7.3 复合板连接界面结构特征 ······ 151

7.3.1 复合板连接界面结构形貌 ······ 151

7.3.2 复合板连接界面组织物相 ······ 153

7.4 近界面基体组织演变特征 ······ 155

7.5 复合板连接界面的接合机理 ······ 156

7.6 复合板的力学性能 ······ 158

7.6.1 复合板连接界面微区性能 ······ 158

7.6.2 复合板拉伸性能 ······ 159

7.7 本章小结 ······ 160

参考文献 ······ 161

第8章 镁/铝合金爆炸轧制复合板
制备及其界面连接行为 ······ 162

8.1 引言 ······ 162

8.2 复合板的热压缩变形行为 ······ 162

8.3 复合板的单道次轧制制备 ······ 164

8.3.1 复合板宏观形貌 ······ 164

8.3.2 复合板连接界面形貌及组织
成分 ······ 165

8.3.3 复合板拉伸性能 ······ 167

8.4 复合板的多道次轧制制备 ······ 168

8.4.1 复合板宏观形貌 ······ 168

8.4.2 退火态复合板微观组织形貌 ··· 169

8.4.3 退火态复合板拉伸性能 ······ 173

8.5 本章小结 ······ 174

参考文献 ······ 174

第9章 脉冲电流辅助镁/铝合金轧焊
复合板制备及其界面连接行为
······ 175

9.1 引言 ······ 175

9.2 脉冲电流辅助轧焊复合板制备
技术 ······ 175

9.2.1 脉冲电流作用复合板连接界面
温度场分布 ······ 175

9.2.2 高频脉冲电流辅助轧焊成形
工艺 ······ 176

9.2.3 低频脉冲电流辅助轧焊成形
工艺 ······ 176

9.3 高频脉冲电流辅助轧焊镁/铝合金
复合板制备 ······ 177

9.3.1 复合板宏观形貌 ······ 177

9.3.2 复合板连接界面结构形貌 ······ 178

9.3.3 复合板连接界面组织成分 ······ 179

9.3.4 复合板连接界面结合强度 ······ 181

9.4 低频脉冲电流辅助轧焊镁/铝合金复合
板制备 ······ 183

9.4.1 复合板宏观形貌 ······ 183

9.4.2 复合板连接界面组织成分 ······ 184

9.4.3 复合板连接界面结合强度 ······ 185

9.5 脉冲电流辅助轧焊复合板连接界面的
接合机理 ······ 187

9.6 本章小结 ······ 190

参考文献 ······ 190

第1章

01

概述

1.1 层状金属复合板的制备技术及发展趋势

1.1.1 层状金属复合材料的发展历程

科学技术的飞速发展对材料提出了更为严苛的要求。《中国制造2025》指出先进复合材料是重点发展方向之一[1]。其中,层状金属复合材料（laminated metal composites, LMCs）是复合材料种类的一个重要分支,在设计上综合各组元的优势、弥补各组元的不足,具有单一金属或合金无法比拟的综合性能,已成为当今材料科学与工程学科的一个研究热点。

图1-1所示为层状金属复合材料的发展历程。层状金属复合材料的应用起源最早可追溯到公元前2750年。1837年,研究团队在埃及吉萨金字塔南侧发现一块铁板,该材料随后被收藏于大英博物馆。直至1989年,EI Gayer和Jones经过微观检测分析证实该板材为多层铁板通过不均匀锤打焊合而成的层状结构材料[2,3]。随后,在图坦卡蒙墓出土的一些匕首被证实是用铁/金复合材料制成的,可追溯到公元前1350年。此外,历史上著名的阿喀琉斯盾、锻焊大马士革刀、波纹刀等均是典型层状金属复合材料的应用案例。1978年,在我国

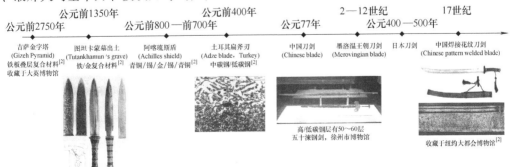

图1-1 层状金属复合材料的发展历程

徐州出土的五十涑钢剑，经检测发现该剑的材料是由 $50\sim60$ 层高/低碳钢层叠至而成，这也印证了"百炼成钢"这一成语。

纵观层状金属复合材料的发展历史，不难发现层状金属复合材料的设计理念有两点：第一，获得优异的综合性能；第二，在贵重、稀缺金属外包覆便宜金属，降低经济成本。

金属层状复合材料的近现代研究始于 20 世纪 60 年代，是由美国学者提出的"表面处理—冷轧复合—退火强化"的生产工艺，由此掀开了层状金属复合材料的研究热潮[4]。然而，纵观层状金属复合材料的发展历程，发展速度较缓，究其原因是其连接界面质量不高，限制了复合材料制备技术的发展，对界面连接过程的调控增加了制备成本。

1.1.2 层状金属复合板的制备技术

层状金属复合板的制备方法主要有铸造复合法、轧制复合法、旋压复合法、扩散焊接复合法和爆炸焊接复合法等。

随着近年来国内外研究学者对层状金属复合材料加工制备的研究热潮，也创新演化出一些新的制备技术，如波纹轧制复合法[5]、累积轧制复合法[6]、高频电流辅助轧制复合法[7]、超声辅助液固轧制复合法[8]、电磁脉冲复合法[9]、激光熔覆和搅拌摩擦加工技术等。

（1）铸造复合法　铸造复合法是最早应用于制备层状金属复合材料的一种方法。日本川崎钢铁公司开发的 KAP 复合钢板即采用铸造复合技术，其制备工艺原理是先将钢坯表面清理干净，垂直悬挂于铸型内，通过下铸法向铸型注满高碳钢液；钢液凝固后即可得到复合钢坯，再经轧制成形制备出所需厚度的板带材。

随着铸造复合技术在层状金属复合板材制备领域的不断推广，国内外各研究学者在该技术基础上不断发展出一些新型制备技术，例如：电渣熔铸复合技术、反向凝固复合技术、喷射沉积复合技术、电磁连铸复合技术、半固态铸轧复合技术等。

1）电渣熔铸复合技术由乌克兰科学院巴顿焊接研究所提出。它的工艺原理是先将基层板坯置于模具中，通过往板坯表面浇注熔渣，再采用非自耗电极将板坯加热到一定温度，向板坯浇注熔炼好的腐蚀钢液，以获得连接界面良好的复合板。

2）反向凝固复合技术由德国马克公司曼内斯曼于 1989 年提出，其为一种薄带连铸工艺[10]。它的工艺原理是将表面经酸洗、碱洗和活性处理的低温基板自下而上地从金属液中通过，使得靠近低温基板的金属液迅速降温，并在基板表面凝固、结晶；同时，保证在凝固的金属液处于半固态时进行轧制，最终获得一定厚度的层状金属复合板。

3）喷射沉积复合技术（又称喷射共沉积法）是由英国斯旺西大学的 Singer A. R. E. 教授最早提出的。它的工艺原理是在高速惰性气体的作用下，把具有一定动量的颗粒增强相喷到雾化液流中，使熔融金属或颗粒增强相被喷射沉积在金属基板上的一种复合成形方法。

4）电磁连铸复合技术尚处于研究阶段。它的工艺原理是将两种化学成分不同的钢液通过不同的浸入式水口同时注入结晶器，由于在结晶器的下部安装了水平磁场（LMF），因此作用在钢流上的洛仑兹力垂直穿过水平磁场，抑制两种钢液的混合，而且以水平磁场为一个分界线，依靠磁流体力的作用把结晶器的熔池分为上、下两部分。通过结晶器的冷却作用，上部熔池的钢液凝固成复合钢坯的外层，下部熔池的钢液在外壳里凝固成钢坯的内芯。电磁连铸复合主要是依靠瞬间的强脉冲磁场提供的能量，使异种材料高速碰撞来实现结合的。该方法适用于金属与金属、金属与陶瓷或金属与高聚物的连接。

5）半固态铸轧复合技术将连续铸轧技术与半固态加工技术的结合。它的工艺原理是将被轧制的材料加热到半固态，将其送入轧辊间进行轧制成形。20 世纪 80 年代，东北大学率先开展半固态铸轧复合技术，该方法兼具液相高温冶金与轧制压力耦合作用，可实现较高的复合强度。但是，由于加工过程中复合界面温度高，基板表面容易氧化形成氧化层，影响复合界面的表面质量。

（2）轧制复合法　轧制复合可用于层状金属复合板材、减振钢板和铝塑复合板材的成形。一般根据复合时板坯是否加热，分为冷轧复合法和热轧复合法。

1）冷轧复合法于 20 世纪 50 年代提出。它的工艺原理主要依赖首道次的大变形量（一般要达到 60%~70%，甚至更高），使得待复合金属表面氧化膜破碎，裸露出金属表面，在塑性变形力的作用下实现双层或多层金属复合板的成形。其复合界面以机械啮合或部分原子结合为主，主要通过后续扩散退火来实现高性能复合板的制备。

2）热轧复合法的工艺相对较成熟，已实现工业化生产。它是将复材和基材重叠、周围封焊，通过热轧使复材与基材复合在一起的方法。热轧复合过程中，待复合板材连接界面在剪切变形力的作用下，两种金属间的接触表面十分类似于黏滞流体，更趋向于流体特性。一旦新生金属表面出现，它们便产生黏着摩擦行为，利于接触表面间金属的固着，以固着点为基础（或核心），在高温热激活条件下形成稳定的热扩散，进而实现连接界面金属间的原子结合。

在实际工程应用中，为解决层状金属复合板材成形可控和界面性能可靠的问题，还演化出了异步轧制复合法、真空轧制复合法和波-平轧制复合法等。

1）异步轧制复合法是 20 世纪 60 年代开始兴起的一种板带轧制生产技术，它是通过改变上、下轧辊轧速使轧辊线速度不同来轧制金属的。异步轧制复合过程中，一般把较硬的金属与快速辊对应，较软的金属与慢速辊对应。异步轧制复合法充分利用了"搓轧区"内的相对滑动。一方面，相对滑动的界面摩擦生热，为界面的结合提供能量；另一方面，相对滑动利于接触表面污染层和氧化膜的破碎和挤出，促进金属表面的生成。因此，相对滑动有利于提高界面结合强度，降低平均轧制压力。

2）真空轧制复合法主要是解决在大气环境下轧制时，金属表面氧化膜影响界面结合的问题。1953 年由苏联最早提出，随后在美国、日本和中国不断发展。日本川崎钢铁公司采用真空轧制复合法开发出厚度超过 240mm 的特厚钢板，该技术工艺原理是利用真空电子束焊接技术将两块或多块连铸坯焊接在一起，再经过加热和轧制工序获得厚度较大的特厚钢板[11]。东北大学也采用真空轧制复合法开展了特厚复合钢板的制备[12]，图 1-2 所示为真空轧制复合法的工艺流程示意图。但是，由于真空腔体的限制，目前主要集中在实验室条件下的制备，对实际工程现场生产的报道较少。

3）波-平轧制复合法是由太原理工大学黄庆学院士团队提出的[13-15]，其加工示意图如图 1-3 所示。该方法相对于传统轧制复合法，主要区别是提出采用波纹型轧辊加工异种金属复合板的新型成形方法。该技术的工艺原理是基于异种金属板的物理和力学性能差异，将难变形金属板置于波纹形轧辊一侧，将易变形金属板放置于平轧辊一侧，通过协调改善连接界面的剪切应力应变场来实现低温和小压下率的层状金属复合板制备。该工艺方法制备出的层状金属复合板具有板形良好、界面结合强度高和残余应力小的特点。

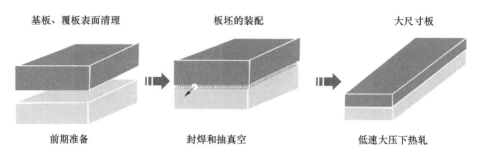

基板、覆板表面清理　　　　　板坯的装配　　　　　大尺寸板

前期准备　　　　　封焊和抽真空　　　　　低速大压下热轧

图 1-2　真空轧制复合法的工艺流程示意图

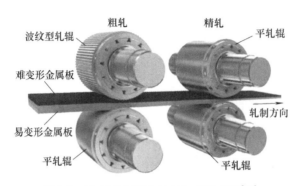

图 1-3　波-平轧制复合法的加工示意图[13]

（3）旋压复合法　旋压技术起源于我国，14 世纪传到欧洲。随着科学技术的发展，旋压设备的主传动逐渐由人力过渡到电动力，旋压也由木质杆棒发展为金属旋轮。旋压成形技术一般用于薄壁、回转体零件的成形，以及层状金属复合管的制备。

（4）扩散焊接复合法　扩散焊接复合法是将表面洁净的金属板叠放在一起，并置于真空或保护气氛炉内通过加热和加压，使得连接界面原子间发生相互扩散，实现冶金结合的技术。在层状金属复合板的制备过程中，其连接界面一般经历两个阶段：第一阶段，物理接触阶段；第二阶段，界面活化和反应阶段。第一阶段时，在压力作用下，金属组元发生一定的塑性变形，使得界面处原子在整个界面上发生物理上的相互接触，为第二阶段的化学反应做准备；第二阶段时，界面处的原子在一定温度和力的作用下发生化学反应，形成化学键合或者新物相。扩散复合法由于基体组元未发生明显的金属宏观塑性变形，其连接界面处很少有残余应力。

随着国内外学者研究的不断深入，在扩散焊接复合法基础上发展出了新型制备方法，如瞬时液相扩散焊接法和金属构筑成形法[16]等。

金属构筑成形法是由李依依院士团队首次提出的。它的工艺原理为：首先将目标构件分解成多个基元并进行表面预处理，再把多个基元堆垛成预定形状；其次将堆垛成预定形状的多个基元经真空封装→高温加热→高压形变制成预制坯；最后通过"锻焊"技术使得多个基元之间的界面焊合，将预制坯制锻造成毛坯。该技术目前已用于制备四代核电直径 15.6m 无焊缝整体不锈钢环形锻件、四代核电大口径不锈钢压力管、百万千瓦级水轮机转轮主轴、压水堆核电站反应器和蒸发器、万吨回转窑轮带等关键锻件。

金属构筑成形法另辟蹊径，采用由比较成熟稳定的连铸技术生产的连铸坯或高质量的小型钢锭作为基元,即均质化板坯,再通过表面预处理后,将多块板坯真空封装,然后通过高温加热、高压变形、锻造成形的方法,基于扩散焊接连接机理实现界面充分焊合,使界面与基体融为一体,如图 1-4 所示。

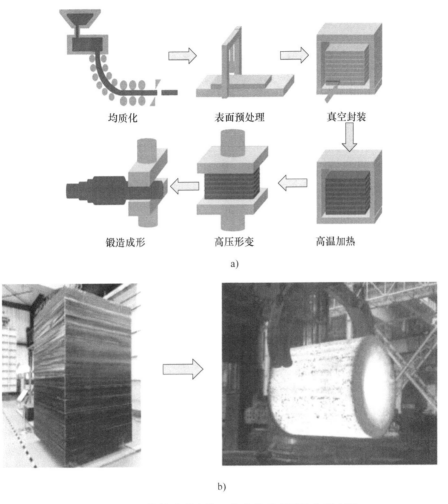

图 1-4 金属构筑成形法的工艺流程示意图及典型产品

(5)爆炸焊接复合法 爆炸焊接复合法是利用炸药爆炸过程中产生的瞬时高温和高冲击作用,使被焊金属表面产生塑性变形、熔化和扩散,从而实现两种或多种金属板的焊合,其界面结合强度较高。尽管该方法存在制备效率低、环境污染、仍需手工操作等问题,但是由于该技术基本不受材料组元和板厚的限制,并且制备板材的界面结合强度高,因此在国内外实际工程生产中(特别是中厚复合板的制备)仍具有不可替代的优势。

电磁脉冲复合法的界面复合原理与爆炸复合法类似(图 1-5),其主要区别是被复合材料的动力来源不同。爆炸复合法是基于炸药燃烧给覆板提供初始加速度;而电磁脉冲复合法则是通过强脉冲磁场提供加速度。待复合组元间产生的高速碰撞,使得双层或多层金属复合板连接界面实现冶金结合。

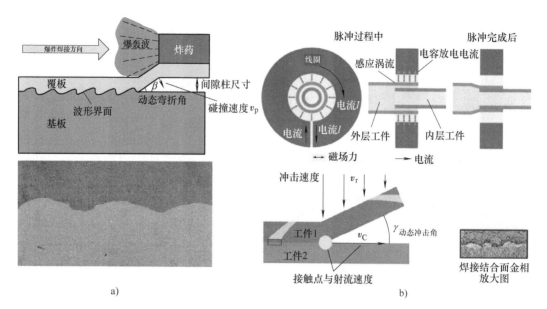

图 1-5　爆炸复合与电磁脉冲复合原理及典型界面形貌图对比
a）爆炸焊接复合法　b）电磁脉冲复合法

1.1.3　镁基层状复合板的研究现状

　　镁及镁合金作为密度最小的工程金属结构材料，具有阻尼减振性能好、导热性能优越、电磁屏蔽性能好和易于回收等特点，受到研究学者和工业界的极大关注，被誉为"21世纪大有前途的绿色金属结构材料"。镁合金复合板的研究工作主要集中于组元与界面反应、制备工艺与技术、复合材料结构与性能等方面。

　　（1）镁基层状金属复合板的组元与界面反应　基于镁及镁合金材料的结构和功能优势，镁基层状复合板的组元包括：镁/铝合金、镁/钛合金、镁/铜合金、镁合金/不锈钢、镁合金/陶瓷、镁合金/树脂等。

　　根据复合材料组元成分和制备工艺的不同，界面反应主要有：机械啮合、扩散反应和冶金化学反应。

　　（2）镁基层状金属复合板的制备工艺与技术　目前，关于镁基层状金属复合板的制备方法主要集中在轧制复合法、扩散焊接复合法和爆炸焊接复合法。

　　（3）镁基层状金属复合板的结构与性能　镁基层状金属复合板的界面结构形貌主要有平直界面、规则的波形界面和不规则的类齿状结构形貌。基于复合板的服役行为需求，镁基层状金属复合板的性能研究主要集中在静载力学性能和耐蚀性，其中静载力学性能主要有连接界面的抗剪强度，复合板的拉伸、弯曲和冲击性能等。

1.2　层状金属复合板研究的共性问题

　　层状金属复合板（以下简称复合板）的研究关键是异种金属板的界面连接与成形问题，即可归纳为重点关注异种金属界面是否可连接问题（设计阶段）、连接质量问题（加工制备阶段），以及复合板的服役和回收问题（服役阶段）。

1.2.1　层状金属复合板设计的关键

（1）复合板组元设计理念　复合板组元成分的设计应以其服役需求为导向，以形成可靠连接界面的复合板制备为目标，同时充分考虑复合板组元基体的物理、化学属性差异，以及是否可连接的基本原则，综合提出复合板的设计、加工与制备。

（2）异种金属板的界面连接　连接技术种类从早期的捆绑、镶嵌到现在的焊接、铆接、粘接等已经发展出多种连接方法。连接过程中涉及的能量类型包括光能、电能、声能、化学能和机械能等。从连接机理来看，则涉及机械啮合、化学键合和原子层面的冶金连接。各类连接方法中，以达到原子层面的冶金连接为可靠界面加工制备的主要依据。

作为焊接连接概念下的界面的形成过程，都是使材料被连接部位原有的固体表面消失或为新的固-固相界面取代的过程。这些相界面的产生、发展、转化和消失遵循着自然界的基本物理规律，也反映着新界面形成过程的物理本质。因此，研究界面行为，一方面是有助于认识复合板制备技术的特色，另一方面是它可作为预测复合板性能的重要依据，与此同时它又是探求连接界面形成的物理本质的有效途径[17]。

异种金属板连接时，由于异种金属板之间的物理、化学及力学性能的差异很大，焊接时的冶金相容性、界面反应形成的脆性金属间化合物相及热胀系数的差异对接头性能影响非常大。

在考虑异种金属板连接时一般需考虑的主要科学问题有[18]：①异种金属板连接时润湿性差异大时，很难使两种材料同时润湿；②连接界面容易出现非互溶不反应或界面反应复杂、界面脆性化合物生成过量、反应过程难控制；③异种金属板热膨系数的差异使得界面存在很大的残余应力，接头应力缓解困难；④缺少新化合物相的分析对比数据，没有成熟的界面应力无损测量方法及评价标准，给连接界面的物相表征及模拟计算带来极大的困难；⑤异种金属板塑性变形的差异使得界面在剪切应力作用下容易发生二次撕裂，大面积复合时连接界面的均匀性和可靠性难以保证。

（3）影响复合板界面可靠连接的因素　既然层状金属复合板连接界面的过程是连接部位原有固体表面消失或被新的固-固相界面取代的过程，那么影响原有表面消失或新相界面形成的因素均会直接影响最终复合板界面的可靠连接。这些因素包括连接部位组元表面氧化膜、组元金属的协调变形和连接界面新相的调控。

1）组元表面氧化膜。复合板的制备过程中，原始组元金属表面的氧化膜、油污等是直接影响后续加工制备过程中界面连接的关键因素。一般采取的措施有：在真空环境或保护气氛中加工制备，如真空扩散焊接复合；加工前采用机械、物理或化学的方法去除，如超声波焊接复合；加工过程中利用加工自身特性去除，如爆炸焊接过程中形成的射流可有效去除表面氧化膜和油污等。

2）组元金属的协调变形。复合板制备过程中，特别是依赖较大剪切变形理论制备复合板的加工方法中，其连接部位组元金属的协调变形是影响大面积复合板连接均匀性和可靠性的关键因素。如轧制复合法中，若两种或多种金属组元的塑性协调变形差异较大，则很难实现复合板连接界面处的有效或可靠连接。常采用温度补偿或应力补偿的方式，以改善基体组元金属的协调变形，如异温轧制复合法、异步轧制复合法和波纹轧制复合法等。

3）连接界面新相的调控。复合板在制备过程中，界面连接过程是新相或新界面形成的过程，即新的化学键合或新物相生成，这是直接影响界面结合强度和复合板可靠性的关键参数。因此，可用于调控界面发生机械啮合程度，以及物理、化学反应的所有热力学、动力学工艺参数和因素均可作为调控制备复合板性能的有效手段。

一般而言，通过预制或构筑连接界面的结构形貌（如将二维平直界面转变为三维的波形界面或多维不规则的类齿状结构等）的加工技术，在真空或保护气氛下隔绝空气中的氧或表面氧化膜的加工技术，改善连接部位温度场和应力应变场的加工技术，引入外加电场、磁场和多场耦合的加工技术等，调控连接部位界面机械作用、物理和化学反应，以实现高质量复合板制备的目的。这也是目前国内外研究学者在复合板加工制备技术领域创新的基本理念。

1.2.2　层状金属复合板界面的连接理论

根据复合板连接界面复合过程中界面状态的三种形式，即液-液界面连接、液-固界面连接和固-固界面连接，国内外研究学者有针对性地提出以下一些代表性界面连接理论。

（1）液-液界面连接的相关理论　液-液界面连接的过程常见于同种或异种金属板的熔化焊接过程中，这时界面的相互作用属于焊接冶金学的研究范畴，其接头的形成属于熔化焊接连接的连接机理，熔池中，根据母材基体组元的合金成分和熔池温度场分布会发生一系列物理、化学冶金反应。

（2）液-固界面连接的相关理论　典型的液-固界面连接过程出现在复合板制备的铸轧复合法和钎焊连接接头中。这两种制备法的液-固界面连接过程中，其作用本质是熔融液态金属在固态基体表面润湿、铺展、凝固和结晶的过程，同时伴随成分扩散与偏析、物理与化学反应、相变与结构形貌转变等。

一般在液-固相转变过程及凝固过程中，会发生如固溶、共晶、包晶及偏晶等反应或是生成化合物等情形。根据液-液界面相关作用反应形式不同，相应复合板加工制备过程中，液-固界面连接的机理可归纳为熔钎焊连接的接合机理，往往伴随着扩散反应连接的理论。

（3）固-固界面连接的相关理论　典型的固-固界面连接过程出现在复合板的扩散焊接复合法和轧制复合法制备过程中。适用于解释固-固界面连接过程的理论主要有：机械啮合理论、扩散复合理论、再结晶理论、三阶段理论和 Bay N 理论。

1）机械啮合理论。机械啮合理论最早是由英国剑桥大学的 Bowden 和 Tabo 提出的，主要考虑复合过程中，组元金属表面存在一定表面粗糙度，且表面粗糙度值的大小对连接界面结合强度有显著的影响。该理论尤其适用于解释轧制复合成形制备复合板，且异种金属组元不能发生固溶或冶金化学反应时的异质界面连接机理。一方面，从相图分析，若本质上两种组元不发生有限固溶或无限固溶反应，即在一定热力学和动力学条件下，其连接界面不可能通过化学冶金实现界面的连接。另一方面，异种金属组元本质上可以有限固溶或无限互溶，但是加工制备条件不具备化学冶金反应条件时，其界面连接过程只能靠机械啮合实现复合。对于复合板的冷轧复合成形或部分热轧复合成形，异种金属板在相互接触的固-固表面上，由于压力的作用使得金属组元发生一定的宏观塑性形变而彼此啮合，进而实现异种金属复合板的复合。

2）扩散复合理论。扩散复合理论是 C. V. Earl 于 1963 年提出的。该理论认为，在异种金属板复合过程中，由于变形热的作用使界面接触区温度升高，同时导致该区域的原子被激活并相互扩散，形成一定厚度的过渡层，实现异种金属复合板的复合制备。复合板的轧制复合成形中，采用扩散复合理论从金属学角度解释复合板的制备过程虽有其先进性，但是该理论没有考虑扩散发生的条件需要连接界面保持紧密接触，且在一定温度和保温时间作用下才能发生。然而，轧制复合过程中，沿着轧制方向，微观上其连接界面是不断发生动态塑性形变的，因此很难保证连接界面保持紧密接触且长时间的加压。从这个角度分析，扩散复合理论有其局限性。

3）再结晶理论。再结晶理论是由 J. M. Parkers 于 1953 年提出的。该理论认为，在异种金属的固-固界面复合过程中，产生异种金属界面连接的主要原因是连接部位的再结晶。即在两种金属的共同变形过程中，由于形变热的作用导致变形区出现局部高温；高温环境场中接触表面金属原子重新排列，形成同属于两种金属的共同晶粒，从而使得相互接触的金属板复合在一起。再结晶理论较适用于解释热处理作用下复合板连接界面的组织演变规律，但是它并不适合解释原始组元金属从固-固界面发生复合连接的过程。因为传统的再结晶过程特指固相内晶粒组织发生的演变，对于固-固界面空间内，晶粒如何形核和长大尚未可知。

4）三阶段理论。三阶段理论是由 R. F. Tylecote 首先提出，并由 M. G. Nicolas 和 D. R. Milner 等研究学者不断完善和补充形成的。三阶段理论认为，复合过程中主要存在物理接触阶段、物理化学作用阶段和扩散阶段，且包含多种复合形式共同作用的理论。这也正是该理论成熟的体现，因为在金属复合板的加工制备过程中，其界面连接机理是多种连接机理综合作用的结果。

5）Bay N 理论。Bay N 理论是 20 世纪 80 年代由丹麦学者 Bay N 提出的。该理论模型的提出是基于试验验证的，通过电子显微镜技术对复合板样品的剥离面进行观察，发现表面存在大量的氧化膜碎片，同时经过对多种复合板样品的大量试验验证，最终提出了固相复合的四个阶段：在一定压力下，覆膜破裂；表面扩展导致洁净基体裸露；法向压力作用使基体形变并挤入破碎覆膜裂缝中；两种金属的活性面在间隙中汇合并形成真实结合。

综上分析，固相复合的本质在于压力作用使得固-固接触面靠近接触并直至原子间距离，由原子吸附、反应而产生大量结合点。对复合板的性能试验也不断证实结合强度主要由连接过程决定。因此，固-固接触表面状态、界面应力-应变场分布和温度场分布均对复合板界面连接过程有直接影响，进而决定复合板的服役性能。

1.2.3　层状金属复合板界面连接行为的试验表征

对于复合板而言，连接界面、近界面和基体材料的微观组织演变、残余应力、宏观性能和复合板的外观是综合评价复合板的一般研究思路，也是决定所制备复合板安全服役的关键因素。其中，连接界面问题因制备工艺的不同而存在明显差异。现将一些常用于表征层状复合板的试验方法，整理如下：

（1）复合板的外观形貌　针对采用不同工艺和技术制备的复合板，对其外观形貌的评价主要有：翘曲（或屈曲）变形程度、边裂程度和复合率。复合率的检测主要采用超声波检测。

（2）复合板的微观组织演变　为了综合表征复合板制备工艺的特点，一般对其连接界面、近界面和基体分别进行表征分析。

层状复合板的连接界面结构形貌（包括平直界面、波形界面，其他规则或不规则界面）常采用扫描电子显微镜（SEM）进行表征分析；对其连接界面的物相成分常采用能谱仪（EDS）、X射线衍射仪（XRD）和透射电子显微镜（TEM）进行表征分析。聚焦离子束技术（FIB）常作为制备连接界面、相界面或晶界微区的TEM制样方法。

近界面区和基体组元的微观组织表征常采用金相显微镜（OM）、电子背散射衍射分析技术（EBSD）或者TEM进行表征分析，尤其适合复合过程中发生塑性形变材料的表征分析。

（3）连接界面的微区力学性能　常用于表征复合板连接界面微区力学性能的手段有：纳米压痕仪、维氏硬度计、剥离试验、拉剪试验和压剪试验等。

（4）复合板的宏观力学性能　金属板的力学性能检测方法均可用于复合板，如拉伸试验、弯曲试验、冲击试验和动载疲劳试验等。

（5）复合板的功能性能　对于一些功能性复合板，耐蚀性、导电性或导热性等试验，需根据其服役环境设计专门的试验。

1.2.4　层状金属复合板界面连接行为的数值建模

目前，关于复合材料加工制备的数值模拟主要集中在：采用ANSYS/ABAQUS的应力-应变场和温度场数值模拟，以及采用分子动力学（MD）对连接界面原子扩散行为进行数值模拟。图1-6所示为针对爆炸焊接过程的ANSYS数值模拟结果，可以很好地解释波形界面的形成及界面漩涡结构；图1-7所示为典型的针对异质材料连接界面微区的TEM组织结构表征分析结果；图1-8所示为采用MD数值建模分析异质金属连接界面的原子扩散行为。

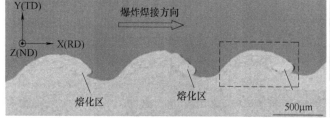
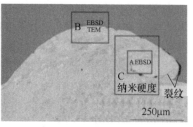
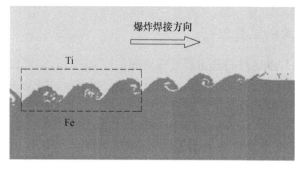

图1-6　针对爆炸焊接过程的ANSYS数值模拟结果[19]

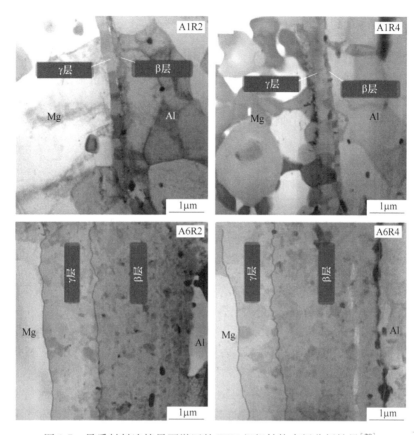

图 1-7　异质材料连接界面微区的 TEM 组织结构表征分析结果[20]

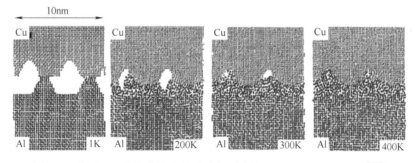

图 1-8　采用 MD 数值建模分析异质金属连接界面的原子扩散行为[21]

1.3　层状金属复合板发展的创新思路

目前，关于复合板创新发展的思路主要是以其使用需求为导向，以连接界面的结构形貌和组织物相调控为手段，在现有材料、结构和技术的基础上提出以新组元材料的复合、新界面结构形式或新制备技术的改进或创新。

1.3.1 基于结构功能复合板的组元设计

复合板的结构性能需求主要有高强度、高韧性和高模量。以复合板设计的优势互补为基本思想，将轻质、高强度、高韧度的结构性能优势和资源丰富、价格便宜、可回收利用等资源优势最优组合，提出新组元材料复合设计思路。

复合板的性能需求主要有耐蚀性、抗疲劳氧化性、导电性、导热性要好，可满足极端服役环境需求（如屏蔽性能）等。将单一组元材料的结构优势、功能优势和资源环境友好优势充分发挥，形成新组元材料设计思路。

此外，关于金属与非金属（如陶瓷、碳纤维、树脂等）的复合连接也是目前复合板发展的主要方向之一。

1.3.2 基于复合板连接界面的结构调控

复合板连接界面的结构调控是直接决定其服役性能的关键。复合板连接界面结构的调控目标主要以结构形貌和结构成分的调控为导向，其实施路径是通过调节界面微区塑性形变的应力-应变场分布、界面微区冶金连接的热力学和动力学条件为手段。

1）与二维平直界面结构形貌相比，三维波形界面或者多维不规则界面形貌结构的复合板界面连接强度更高。因此，通过调控层状复合界面形貌结构来实现复合板加工制备的技术，是复合材料创新创造的主要思路之一。

2）达到冶金连接的连接界面与单一机械啮合的连接界面相比，其复合板的性能一般更优。因此，通过引入过渡层材料或者调控连接界面物理化学反应以保证连接界面实现过渡层强韧性协调的冶金连接界面，是复合板制备技术创新的另一个思路。

1.3.3 基于外加能场辅助加工的制备技术

为了调控复合板的外观形貌、连接界面组织和物相，以及复合板的结构功能特性，在制备过程中或者后处理工序中，常常引入力场、温度场、电场、磁场、超声场或多能场耦合以优化加工制备复合板的性能。

参 考 文 献

［1］王喜文. 中国制造 2025 解读［M］. 北京：机械工业出版社，2015.

［2］WADSWORTH J, DONG W K, SHERBY O D. Welded damascus steels and a new breed of laminated composites［J］. Metal Progress, 1986（6）：61.

［3］WADSWORTH J, LESUER D R. Ancient and modern laminated composites-from the great pyramid of gizeh to Y2K［J］. Materials Characterization, 2000, 45（4/5）：289-313.

［4］张婷，许浩，李仲杰，等. 层状金属复合材料的发展历程及现状［J］. 工程科学学报，2021，43（1）：67-75.

［5］黄庆学，朱琳，李玉贵，等. 一种轧制金属复合板带的方法：201410028776.4［P］. 2014-01-22.

［6］WANG L, DU Q L, LI C, et al. Enhanced mechanical properties of lamellar Cu/Al composites processed via high-temperature accumulative roll bonding［J］. Transactions of Nonferrous Metals Society of China, 2019, 29

（8）：1621-1630.

［7］　祖国胤，李红斌，李兵，等 . 高频电流在线加热对不锈钢/碳钢复合带组织与性能的影响［J］. 金属学报，2007，43（10）：1048-1052.

［8］　冷雪松，王谦，闫久春，等 . 一种超声波辅助液-固轧制制备薄膜铝钢复合板的方法：201110385479. 1［P］. 2011-11-28.

［9］　POWER H G. Bonding of Aluminum by the capacitor discharge magnetic forming process［J］. Welding Journal，1967，（46-56）：507-510.

［10］　祖国胤 . 层状金属复合材料制备理论与技术［M］. 沈阳：东北大学出版社，2013.

［11］　SHUN-ICHI N，TOSHIO M，TSUNEMI W. Technology and products of JFE Steel's three plate mills［J］. JFE Technical Report，2005，5（5）：1-9.

［12］　骆宗安，谢广明，胡兆辉，等 . 特厚钢板复合轧制工艺的实验研究［J］. 塑性工程学报，2009，16（4）：125-128.

［13］　王涛，齐艳阳，刘江林，等 . 金属层合板轧制复合工艺国内外研究进展［J］. 哈尔滨工业大学学报，2020，52（6）：42-56.

［14］　WANG T，LI S，REN Z，et al. Microstructure characterization and mechanical property of Mg/Al laminated composite prepared by the novel approach：corrugated+flat rolling（CFR）［J］. Metals，2019，9（6）：690. 1-18.

［15］　WANG T，WANG Y，BIAN L，et al. Microstructural evolution and mechanical behavior of Mg/Al laminated composite sheet by novel corrugated rolling and flat rolling［J］. Materials Science and Engineering A，2019，765：1-12.

［16］　李殿中，孙明月，徐斌，等 . 金属构筑成形方法：201511027492. 4［P］. 2015-12-31.

［17］　方洪渊，冯吉才 . 材料连接过程中的界面行为［M］. 哈尔滨：哈尔滨工业大学出版社，2005.

［18］　冯吉才 . 异种材料连接研究进展综述［J］. 航空学报，2022，43（2）：6-42；457.

［19］　CHU Q L，MIN Z，LI J H，et al. Experimental and numerical investigation of microstructure and mechanical behavior of titanium/steel interfaces prepared by explosive welding［J］. Materials Science & Engineering A，2017，689（3）：323-331.

［20］　KIM J S，LEE K S，YONG N K，et al. Improvement of interfacial bonding strength in roll-bonded Mg/Al clad sheets through annealing and secondary rolling process［J］. Materials Science & Engineering A，2015，628（3）：1-10.

［21］　CHEN S，KE F，ZHOU M，et al. Atomistic investigation of the effects of temperature and surface roughness on diffusion bonding between Cu and Al［J］. Acta Materialia，2007，55（9）：3169-3175.

第2章

02

镁基层状金属复合板的
爆炸焊接制备与数值建模

2.1 引言

由于爆炸焊接过程的瞬时性、焊接参数的多样性及复杂性，在爆炸冲击载荷作用下，连接界面的形成过程涉及复杂的物理化学反应、流体运动、能量传输、冲击、塑性变形及高温熔化等综合学科知识的交叉融合，故基于爆炸焊接过程的特点，提出数值建模与试验表征相结合的分析方法，综合探究镁基层状金属复合板的爆炸焊接制备过程。同时，论述了爆炸焊接制备的关键技术参数、装配形式和技术特点，并对传统爆炸焊接的焊接窗口进行了修正。

2.2 爆炸焊接复合板的研究现状

2.2.1 爆炸焊接的发展特点

爆炸焊接（Explosive Welding，EXW）的发展由来已久，可追溯到第二次世界大战时期。人们发现：当满足高速冲击、倾斜角碰撞时，金属弹片往往会出现和坦克焊合在一起的现象，由此逐步发展出了爆炸焊接技术[1]。

1944 年，美国科学家 L. R. Carl 在试验室条件下首次实现了复合板的爆炸焊接界面连接。炸药爆炸过程中，两黄铜薄片实现了有效结合，提出了用炸药爆炸来实现材料连接的想法，并于 1947 年申请了该领域最早的发明专利[2]；同年，美国学者 Deribas 通过金相显微技术第一次展示了爆炸焊接界面的形貌特征，推动了爆炸焊接的研究；1957 年，美国科学家 Phillipchuk 第一次把爆炸焊接作为一种新型的焊接技术用于制备复合板，并将其引入到工业实际生产过程，成功地实现了铝/钢异种金属有效且大面积地复合连接[3]。

20 世纪 60 年代后，我国开始对爆炸焊接进行研究。大连造船厂首次通过爆炸焊接成功地制备出复合材料。至此，揭开了我国研究爆炸焊接理论及实际生成复合材料的序幕。中国船舶重工集团公司第七十五研究所和西北有色金属研究所对一系列异种复合材料的爆炸焊接成形进行了一系列理论与实践研究；中国科学院力学所对爆炸焊接过程中炸药及板材的冲击动力学问题进行了系统研究；中南大学对爆炸焊接棒材及特殊材料的爆炸技术进行了探究；解放军理工大学针对爆炸焊接的合理焊接窗口进行了详细的研究。

作为一种特殊的焊接方式，爆炸焊接利用炸药被引爆后在爆炸过程中产生的爆轰波形成动能和热能作为焊接的能量，特别适用于同种或者异种金属、大面积板材的制备。材料在界面处高速碰撞，产生的射流一方面可以去除待焊金属表面氧化层，起清洗表面的作用，另一方面也保证了待焊金属面的紧密结合。

基于爆炸焊接不受材料、板材尺寸、形状的限制，以及可获得大面积、高质量连接界面的优势，爆炸焊接广泛应用于同种或异种材料的复合制备，产品形式包括层状、管状、棒状和异形件等。

（1）同种材料钢与钢的复合板制备　Borchers 等[4]研究了中碳钢/低碳钢爆炸焊接制备复合板的组织和性能，结果表明：复合板连接界面形成了局部熔化区的波形界面；局部熔化区内的硬脆相直接影响了复合板的界面结合强度，是复合板连接界面的薄弱环节。C. Shi等[5]研究了平行和垂直焊接制备不锈钢与碳钢的工艺，并对炸药量、焊接装置、覆板速度等焊接参数对复合板界面形貌、性能等的影响进行了研讨、分析和研究，结果表明：垂直爆炸焊接同样可以实现复合板的连接；炸药量和覆板的速度均会影响复合板连接界面的形貌。R. Mendes 等[6]对筒形结构的碳钢和不锈钢进行了爆炸焊接复合，并对其界面形貌、复合筒形件的性能进行了分析和研究，结果表明：爆炸焊接可以实现筒形件的复合连接；连接界面处出现的局部熔化区成分与基板和覆板的成分相关。M. Acarer 等[7,8]系统地研究了炸药量、间隙柱尺寸等参数对钢/钢爆炸焊接复合板界面形貌、硬度分布及性能的影响，结果表明：炸药量和间隙柱尺寸的增加，均会使复合板连接界面形貌发生变化；对于波形界面，炸药量和间隙柱尺寸的增加，也同样会使波峰和波长增大。热处理试验结果表明：热处理可以消除爆炸焊接复合板的残余应力，从而提高复合板的拉伸强度和弯曲强度。Y. Kaya 和N. Kahraman[9]对碳钢/不锈钢爆炸焊接复合板的拉伸性能、冲击性能、弯曲性能和硬度分布进行了系统分析和研究，结果表明：当炸药量与覆板重量相当时，无法实现碳钢和不锈钢的复合；复合板波形界面的形成与炸药量有关，当炸药量增加时，会使基板和覆板的变形增大，进而形成波形界面；波形界面附近材料的变形明显；爆炸焊接冲击力会导致复合板硬度增加、拉伸强度和弯曲强度提高。

（2）同种材料铝/铝的复合板制备　付艳恕等[10]研究了炸药参数对铝/铝合金爆炸焊接复合板剪切性能和剪切断口的影响，结果表明：爆炸焊接界面剪切强度随加载速率的升高而降低，不同于一般金属剪切行为。F. Grignon 等[11]采用试验和有限元模拟方法对铝/铝合金爆炸焊接复合板的界面形貌、焊接过程进行了分析和研究，结果表明：通过调整焊接参数，可获得三种界面形貌的复合板界面；通过数值模拟的方法分析了焊接参数与波形界面形成的关系。

（3）铝合金与其他异种金属的复合板制备　Y. Aizawa 等[12]采用模拟和试验方法对铝/钢爆炸焊接复合板的焊接过程、界面性能及界面过渡层进行了分析和研究，结果表明：光滑粒子模型（SPH）适用于爆炸焊接过程的模拟；连接界面熔化区的形成及成分与连接界面的温度分布有关，即在波形界面形成过程中，局部温度的升高导致熔化区的形成。R. Carvalho等[13]研究了不同牌号铜覆板对铜/铝爆炸焊接复合板的制备、界面形貌、复合板性能等的影响，结果表明：覆板与基板的物理属性差异会直接影响界面的形貌；当覆板的硬度和屈服强度低于基板的硬度和屈服强度时，得到的波形连接界面为非对称界面，比两者接近时获得的界面波峰更大、波长更小；连接界面处会形成铜铝金属间化合物。M. Athar 和 B. Tolaminejad[14]对铝/铜/铝爆炸焊接复合板制备的焊接性下限，以及界面形貌、复合板的性能进行了分析和研究，结果表明：炸药量对波形界面的形成起关键性作用，当炸药量小时，只能形成平直界面，随着炸药量的增加，平直界面会转变为波形界面；在爆炸焊接冲击力的作用下，近界面的组织会发生明显变形；当形成带漩涡的波形界面时，复合板的界面结合强度最高，但是界面处形成金属间化合物层时，又会削弱界面结合强度。D. M. Fronczek 等[15]研究了不同热处理状态对钛/铝爆炸焊接复合板界面、组织和性能的影响，结果表明：热处理会导致连接界面金属间化合物生成的扩散层厚度随着温度的升高和时间的延长而增大；热处理后会导致爆炸焊接变形晶粒转变为再结晶晶粒；热处理可以消除爆炸焊接过程中产生的加工硬化。P. Bazarnik 等[16]对钛/铝爆炸焊接复合板的组织、性能进行了分析和研究，结果表明：爆炸焊接获得的复合板界面良好，未出现孔洞和未结合缺陷；结合界面处形成了 Al_3Ti 和 Al_2Ti 的金属间化合物局部熔化区。

（4）钛与其他异种金属的复合板制备　M. Gloc 等[17]对钛/低合金钢的爆炸焊接复合板界面组织、性能进行了分析和研究，结果表明：爆炸焊接方法适用于传统焊接方法无法实现的异种材料的连接；连接界面出现了局部熔化区，其成分为金属间化合物；靠近界面的钛侧出现了变形晶粒和绝热剪切带组织；采用热处理的方法，可以去除爆炸焊接产生的残余应力，降低复合板连接界面处的硬度值。Chu 等[18,19]采用有限元模拟和试验的对比分析，综合研究了钛/钢、钛/铜/钢爆炸焊接复合板界面的组织和性能，结果表明：数值模拟方法可以再现爆炸焊接过程，可以很好地解释连接界面的形成和组织演变特征。Ning 等[20]对比分析研究了锆/钢和锆/钛/钢爆炸焊接复合板的组织和性能，结果表明：两组爆炸焊接复合板连接界面均呈现波状界面；锆/钢复合板连接界面出现了局部金属间化合物导致的裂纹缺陷，通过加钛过渡层的方法，可以减小界面裂纹，改善连接界面的强度。Zhang 等[21]采用数值模拟方法对钛/钢爆炸焊接复合板试验中的界面缺陷与焊接参数的关系进行了探究和分析，结果表明：数值模拟可以很好地再现试验过程中复合板连接界面处的缺陷；褶皱变形缺陷主要与覆板材料属性、炸药的参数及覆板的尺寸有关。N. Kahraman 等[22]对不锈钢/钛爆炸焊接复合板界面的拉伸性能、弯曲性能、硬度和耐蚀性进行了分析和研究，结果表明：随着炸药量的增加，复合板连接界面由平直界面转变为波形界面，且波峰、波长随着炸药量的增加而增大；复合板连接界面附近的组织形貌在塑性变形的作用下变为拉长的晶粒；连接界面处未发现孔洞、金属间化合物；复合板的腐蚀速度先增加后降低。

（5）铜与其他异种金属板的复合板制备　N. Kahraman 和 B. Gülenç[23]对铜/钛爆炸焊接复合板的界面组织和性能进行了分析研究，结果表明：当炸药量与覆板重量相当时，无法通过爆炸焊接法获得良好连接界面的复合板；随着炸药量的增加，波形连接界面的波峰、波长尺寸及材料的硬度均会随之增大。M. N. Bina 等[24]研究了不同热处理条件对不锈钢/铜爆炸焊接复合板的界面扩散和性能等的影响，结果表明：对爆炸焊接制备的不锈钢/铜进行后续热处理，可以很好地消除残余应力，进而改善复合板的拉伸性能；随着热处理时间的延长，复合板连接界面扩散层会随之增厚。G. H. S. F. L. Carvalho 等人[25]研究了铜合金/不锈钢复合板的爆炸焊接复合制备及连接界面波形形貌尺寸的影响因素，结果表明：当覆板与基板材料的密度比越小，波形界面的尺寸越大。

（6）镁合金与其他异种金属的复合板制备　M. A. Habib 等[26]研究了水下爆炸焊方法制备钛/镁复合板，并对复合板连接界面及其性能进行了分析和研究，结果表明：水下爆炸焊较空气中的爆炸焊接，由于能量损失少，可实现小能量的复合板连接，得到的钛/镁复合板连接界面呈平直界面。D. Balga 等[27]研究了镁/铝合金的爆炸焊接复合板制备，结果表明：连接界面形成了波形界面，且连接界面处未出现镁、铝金属间化合物新相，连接界面呈固相结合。Yan 等[28]研究了 7075 铝合金和 AZ31B 镁合金的爆炸焊接复合板制备，并对镁合金侧组织演变、剪切强度和弯曲性能进行了分析和研究，结果表明：复合板连接界面呈波形界面，且连接界面处形成了厚度约为 $3.5\mu m$ 厚的扩散层，未出现新的金属间化合物，连接界面呈"冶金结合"。M. Acarer 等人[29]对 AZ31/5005 爆炸焊接复合板连接界面的耐蚀性进行了分析和研究，结果表明：镁/铝合金连接界面是薄弱区域，存在电偶腐蚀，不过比单一镁合金的耐蚀性好，其耐蚀性比铝合金基体的耐蚀性差。

综上所述，采用爆炸焊接方法制备复合材料主要集中在重金属（如不锈钢、碳钢、钛等）的层状复合，对于轻金属（如铝合金、镁合金）特别是镁合金基体复合板的爆炸焊接复合研究多为实验室条件下的基础研究。

2.2.2　爆炸焊接复合的共性问题

综合分析国内外各研究学者对爆炸焊接复合板的研究现状，可归纳爆炸焊接复合板连接界面存在以下三点共性问题：

（1）爆炸焊接参数的多样化和复杂性　影响爆炸焊接复合板制备的因素包括三大类：材料的物理与力学属性、静态参数（间隙柱尺寸、炸药量）和动态参数（碰撞速度、碰撞角）。这三大类因素既独立又交叉地影响爆炸焊接复合板的性能。此外，在爆炸焊接瞬时冲击力的作用下，基板和覆板相互作用空间内同时存在热力学、动力学、传热学、物理与化学等多学科的内容，均影响复合板连接界面的形成及界面的连接质量。

（2）爆炸焊接复合板连接界面形貌的多变性　一般而言，爆炸焊接复合板连接界面包括：平直界面、波形界面和局部熔化区界面。在可焊窗口内，通过调整焊接参数，可实现不同形貌、不同尺寸的连接界面。波形界面的形状、局部熔化区的化学成分和大小又直接影响爆炸焊接复合板的拉伸、弯曲、剪切、硬度等综合力学性能。不仅如此，在爆炸焊接过程中，即使复合板连接界面形成的均是波形界面，然而波形界面的形状及漩涡结构与复合板的物理属性又有着内在关联。

关于爆炸焊接复合板界面形成的理论尚未达成统一，主要包括：覆板流侵彻机理、涡街机理、流体不稳定性机理和应力波机理。

（3）爆炸焊接复合板连接界面连接机理的不确定性　关于爆炸焊接复合板连接界面的普遍理论是固相焊接理论，属于非熔化焊技术。但是，也有一些学者提出爆炸焊接是扩散焊接、熔化焊接和压力焊接"三位一体"的焊接技术。固相焊接理论认为，在爆炸焊接冲击力作用下，基板和覆板之间会由于塑性变形等导致局部温度升高，当温度高于复合板的熔点时，在复合板界面会形成一层薄的熔化层。

2.3　爆炸焊接装配形式

一般而言，爆炸焊接选用的形式包括：平行放置法和倾斜放置法[3,30]。两种结构形式均要求在试验时，覆板与基板之间预置一定的间隙，其目的是：预置间隙可保证覆板被加速到足以产生射流和连接所必需的冲击速度；预置间隙为基板与覆板间产生的射流提供一个喷射空间，以确保空间内的空气无障碍排出。

平行放置法制备铝/镁合金、镁/钛合金、镁/铝/钛合金、镁/铜合金和镁合金/不锈钢的一系列以镁合金材料为基板的覆层金属板，对应的爆炸焊接制备示意图如图2-1所示。

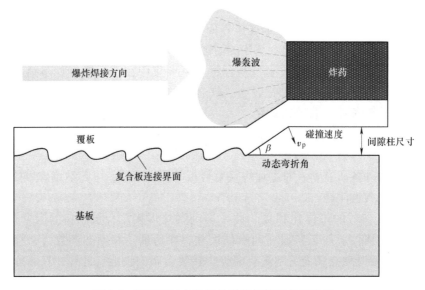

图 2-1　镁基覆层金属板的爆炸焊接制备示意图

爆炸焊接试验用覆层金属板的尺寸（宽×长×厚）为：350mm×650mm×3mm；AZ31B镁合金基板的尺寸（宽×长×厚）为：300mm×600mm×15mm；选择覆板的尺寸略大于基板的尺寸，其主要目的是保证制备复合板连接界面的有效结合面积，减少边裂，提高复合板的整体质量。图2-2所示为爆炸焊接制备镁基复合板的试验现场图，试验装配过程包括：砂粒地基的堆砌、基板和覆板待焊面的打磨、基板镁合金板的置放（图2-2a）、间隙柱的置放

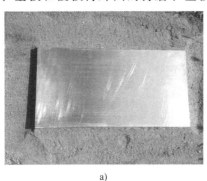

a)　　　　　　　　　　　　　　　　b)

图 2-2　爆炸焊接制备镁基复合板的试验现场图

c)　　　　　　　　　　　　　　　　d)

e)

图 2-2　爆炸焊接制备镁基复合板的试验现场图（续）

（图 2-2b）、覆板铝合金板的置放（图 2-2c）、炸药的铺放（图 2-2d）、雷管的置放和起爆、复合板的超声探伤（图 2-2e）。

2.4　爆炸焊接的关键技术参数

爆炸焊接试验参数主要指静态参数和动态参数。其中，静态参数主要包括板间距（S）、炸药密度（ρ）和炸药厚度（δ）；动态参数包括碰撞速度（v_p）、碰撞点移动速度（v_c）、动态弯折角（β）和碰撞角（θ）。

以下列出本书在研究过程中，初始试验参数及数值模拟模型建立时初始条件的选择标准：

（1）炸药量（R）　炸药量直接决定试验时爆轰波的能量，进而影响到炸药对覆板作用时的载荷。本节中，炸药量（R）参考经验公式[31]为

$$R = R' m_f \tag{2-1}$$

式中，R' 为单位面积炸药质量与覆板质量比，一般取 1～3；m_f 为覆板质量（kg）。

（2）板间距（S）　爆炸焊接试验过程中，保证覆板与基板碰撞的一个前提是基板与覆板之间的间距（S）。S 值过小时，不仅会使覆板得不到足够的飞行速度，影响覆板与基板之间的碰撞强度，而且还会使覆板与基板之间的空气及碰撞过程中形成的金属射流来不及排除，从而无法实现基板和覆板的可靠连接；当 S 值过大时，会使覆板由于加速时间长、速度过大而造成界面熔化，进而影响覆板与基板连接界面的结合强度。本书中，S 的选择范围依

据式（2-2）的经验公式[30]；考虑炸药量和板间距对制备复合板界面的综合影响，为减小试验时的炸药量，试验时选择尽可能大的预置板间距值。

$$S = 3k\delta R' \tag{2-2}$$

式中，k 为常数，一般取 0.4；R' 为单位面积炸药质量与覆板质量比；δ 为炸药厚度。

（3）炸药类型　本书爆炸焊接试验所选用的炸药为低爆速硝铵类炸药，其炸药密度（ρ）为 $0.7 \sim 1 \mathrm{g/cm^3}$，炸药爆轰速度（$v_d$）为 $2300 \sim 2800 \mathrm{m/s}$，计算时均取其平均速度，即 v_d 取 $2500 \mathrm{m/s}$。

（4）碰撞速度（v_p）　针对基、覆板平行放置且采用硝铵类炸药时，碰撞速度（v_p）、炸药爆轰速度（v_d）与装药量（R）之间还存在式（2-3）所列的经验公式[32]。

$$v_p = 1.2 v_d \left[\frac{\sqrt{\left(1 + \frac{32}{27}R\right)} - 1}{\sqrt{\left(1 + \frac{32}{27}R\right)} + 1} \right] \tag{2-3}$$

（5）动态弯折角（β）　对于平行放置法的爆炸焊接装置，碰撞点移动速度（v_c）即为炸药爆轰速度（v_d），碰撞角（θ）即为动态弯折角（β）。根据经验公式［式(2-4)］，动态参数与静态参数之间的关系：

$$v_p = 2 v_d \sin \frac{\beta}{2} \tag{2-4}$$

式中，动态弯折角（β）不仅与覆板的物理属性有关，还与试验装药量（R）有关。

2.5　爆炸焊接窗口

2.5.1　爆炸焊接窗口修正

基于爆炸焊接理论与实践，对于每一组金属材料的组合，为了保证爆炸焊接得以成功实施，存在一个焊接动态参数变化的允许范围，该范围以焊接动态参数的极限条件为边界，即焊接窗口（weldability window）[14]。

图 2-3 所示为 T. Z. Blazynski[33] 最早提出的适用于任意一组可焊金属组合的焊接窗口。其中，焊接窗口的边界条件分别是：

① 射流的形成是实现爆炸焊接复合材料可靠、连续有效连接的必要也是最基本的条件之一（图 2-3 中的 a-a' 线），因为射流的形成有利于清洁待焊金属表面的油污、污染物和氧化层，以及后续高压冲击作用下材料界面的有效连接。J. M. Walsh 等[34]拟合了该曲线，结果表明：射流的形成与声音在材料内部的传播速度和动态弯折角 β 有关。

② 保证基板和覆板可焊的最小炸药速度由基板和覆板待焊合表面层产生射流所需的最小压力确定，且其应该大于波形界面形成所需的最小碰撞速度[35]，该边界条件如图 2-3 中的 e-e' 线所示。

③ 覆板与基板的最小碰撞速度 v_p 需保证碰撞点的压力大于材料的屈服强度值[36,37]，该边界条件如图 2-3 中 f-f' 线所示。

④ 边界条件还由复合板连接界面是否发生局部熔化确定[38]，即需要满足连接界面处不

发生局部熔化作为最低的边界条件，该边界条件对应如图 2-3 所示的 g-g′ 线。

由图 2-3 可知，传统爆炸焊接的焊接窗口将材料的焊接性定义为：连接界面形成波形界面，且界面处没有发生局部熔化。但是，随着爆炸焊接工艺的不断发展、试验材料的多样化，试验材料的焊接性在原有基础上可以进行扩展。

Chu 等[18] 通过对钛/钢的爆炸焊接复合板界面进行分析，发现连接界面呈现波形形貌，且在波形界

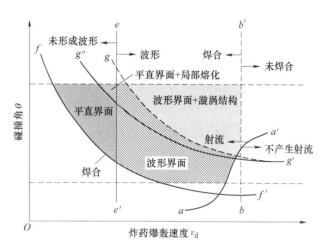

图 2-3　焊接窗口

面处出现了规则的由于局部熔化形成的漩涡结构。I. A. Bataev 等[39] 研究发现，漩涡结构的形成与材料和焊接参数相关，漩涡结构内也往往伴随有微裂纹或孔洞等缺陷。B. S. Zlobin[40] 等提出波形界面的形成不应该作为判定连接界面连接的充分条件。参考文献[14,22,41-43] 均证实当爆炸焊接复合板连接界面为平直界面时，其界面结合效果仍可靠，因此本节将焊接窗口的下限扩展为 f-f′ 线（图 2-3）。进一步，可以得出结论：波形界面的形成与试验材料的屈服强度直接相关，其仅是界面有效结合的充分条件而不是必要条件。

本节除研究铝/镁合金材料的爆炸焊接界面，还研究了 304 不锈钢和 AZ31B 镁合金的爆炸焊接复合、黄铜和 AZ31B 镁合金的爆炸焊接复合、TA2 钛板和 AZ31B 镁合金的爆炸焊接复合，典型爆炸焊接复合板连接界面形貌的 SEM 图，如图 2-4 所示。

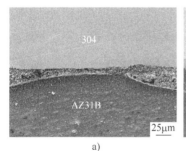 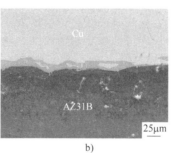 

a)　　　　　　　　　　b)　　　　　　　　　　c)

图 2-4　典型爆炸焊接复合板连接界面形貌的 SEM 图
a）不锈钢/镁合金　b）铜/镁合金　c）钛/镁合金

由图 2-4 可知，不锈钢/镁合金、铜/镁合金和钛/镁合金爆炸焊接复合板连接界面虽然没有出现典型的传统波形界面特征，但其连接界面处依然形成了一定厚度的过渡层，其形貌呈现半波形和类波形界面的结构特征，这也是复合板连接界面实现有效连接的判据。因此对于爆炸焊接制备的复合板，以连接界面形貌作为其焊接窗口依据时，除传统的波形界面特征外，有明显过渡层的连接界面特征也应归为焊接窗口范围内。此外，通过对镁合金/不锈钢、镁/铜合金复合板连接界面进行综合表征分析研究，证实其界面实现了高强度的接合。

综上所述，随着爆炸焊接技术的发展和试验材料组合种类的不断增加，材料的焊接性窗口由传统的波形界面区间可逐渐向平直界面和局部熔化连接界面的区间内扩展，即图 2-3 中的 g-g' 线可以修正为 g'-g'' 线。应注意，此部分介绍的扩展焊接性窗口范围，为便于理解，可将其划分为易焊接金属材料（即可获得波形界面的区间）和难焊接金属材料（区别于传统波形界面的区间）。即传统的焊接性窗口实则为易爆炸焊接复合板的工艺区间。

2.5.2 铝/镁合金爆炸焊接窗口

基于前面对传统爆炸焊接窗口的探讨，发现焊接窗口下限符合最小能量耗散原则。史长根等[44]对爆炸焊接制备复合板的研究也表明，在焊接性窗口范围内，尽量选择较小的装药量，整体复合板的焊合率高，复合板的整体质量良好，连接界面分布均匀性也较好。因此，本节以 6061 铝合金和 AZ31B 镁合金爆炸焊接制备复合板为例，研究其焊接性窗口。

爆炸焊接过程中，为了避免复合板界面的过熔，采用热传导理论模型计算爆炸焊接装药量的上限。爆炸焊接上限的质量比 R_{max} 与覆板厚度 δ_f 的关系为[30]

$$\delta_f = \frac{4.48^4 k c t_{mp}^2 v_{fs}^3 (\gamma^2 - 1)^2 \left(5 + R + \dfrac{4}{R_{max}}\right)^2}{9 \rho_f D_k^8 R_{max}^2 \left(1 - k_0 \dfrac{R_0}{R_{max}}\right)^8} \tag{2-5}$$

式中，k 为熔点低金属板的热导率，k_{Mg} 取 96W/($m^{-1} \cdot K$)；c 为熔点低金属板的比热容，c_{Mg} 取 101J/($kg \cdot ℃$)；t_{mp} 为基覆板中较低的熔点温度，t_{mpMg} 取 923K；v_{fs} 为覆板材料体积声速，v_{fsAl} 取 5250m/s；γ 为炸药的有效多方指数，低爆速硝铵类炸药取 1.86；D_k 为炸药极限爆速，低爆速硝铵类炸药取平均值 2500m/s；ρ_f 为覆板密度，ρ_{fAl} 取 2.7g/cm^3。

根据选择的基板、覆板材料及炸药类型，可得出炸药装药量的上限公式，绘制如图 2-5 所示装药量窗口的上限 f_3 曲线。

爆炸焊接过程中，要实现爆炸焊接的最小碰撞速度。爆炸焊接下限质量比 R_{min} 与覆板厚度 δ_f 之间的关系为[30]。

$$\delta_f = \frac{2 E_{min} (\gamma^2 - 1) \left(5 + R_{min} + \dfrac{4}{R_{min}}\right)}{3 D_k^2 \rho_f R_{min} \left(1 - k_0 \dfrac{R_0}{R_{min}}\right)} \tag{2-6}$$

式中，E_{min} 为根据 ANSYS 数值模拟，推导出的铝/镁合金爆炸焊接复合的值为 1350kJ/m^2。

根据试验材料参数，可得出炸药装药量的下限公式，绘制如图 2-7 所示装药量窗口的上限 f_1 曲线。

此外，爆炸焊接过程中，覆板的可焊厚度同样存在一个下限值和一个上限值，低于下限板厚时，覆板由于太薄可能会在炸药的爆炸冲击作用下产生剧烈的塑性变形并导致最终断裂；高于上限值时，焊接窗口会急剧变窄，复合板获得的碰撞能量过大会产生过熔，使得连接界面失效。因此，覆板厚度的窗口可根据式（2-7）[30]确定，即

$$\delta_{fmin} = \frac{E_{min} \rho_{min}}{2 k_v \sigma_{bmax} \rho_f (1 - \cos\beta)} \tag{2-7}$$

式中，k_v 常数，取 $10 \sim 12$；ρ_{min} 为基、覆板密度的较小值，ρ_{fMg} 取 $1.73 \mathrm{g/cm^3}$；σ_{bmax} 为基覆板材料强度的较大值，σ_{bmaxAl} 取 $290 \mathrm{MPa}$。

根据试验材料参数，也可得出炸药装药量的下限公式，绘制如图 2-5 所示装药量窗口的上限 f_2 曲线。

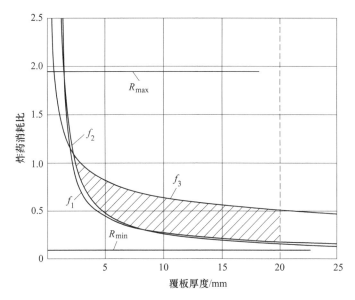

图 2-5　铝/镁合金爆炸焊接装药量窗口

由图 2-5 可知，对于铝/镁合金复合板，覆板厚度 5mm 以内时，可焊窗口较小。这主要是由于铝、镁合金的熔点较低，且镁合金的熔点是所有工程用金属结构材料中最低的。

2.6　爆炸焊接复合的特点

爆炸焊接本质是基于材料碰撞冲击动力学理论，属于材料动态力学行为学的实际应用技术之一。因此，爆炸焊接复合具有材料动态力学行为的诸多特点。金属爆炸焊接复合成形涵盖了金属物理学、爆炸物理学和焊接工艺学的交叉学科。

2.6.1　材料组合多样性

爆炸焊接复合制备技术适用于同种及异种材料的复合制备，基本不受材料种类和材料尺寸的限制，可用于制造各种组合、形状、尺寸和用途的大面积双金属多金属复合板和金属复合管等[45]。

2.6.2　动态冲击特性

爆炸焊接过程中，覆板与基板的碰撞冲击动力源自炸药爆炸的冲击波，即爆炸焊接，过程中所发生的一系列物理、化学和冶金过程均为动态过程，且整个爆炸冲击过程发生的时间极短（约为 $10^{-6} \mathrm{s}$），如材料的熔点、屈服强度、相变温度等都发生了变化[3]。因此，在研究爆炸焊接复合过程中，连接界面的结构形貌和组织物不能以平衡相图作为判断和标定的主要依据，而应该以短时动态过程、非平衡相作为关键前提条件。

2.6.3 碰撞区的特性

爆炸焊接过程的本质是覆板与基板的动态碰撞冲击过程。由于炸药爆炸的瞬时冲击作用，覆板与基板在碰撞区会在层间间隙内形成瞬间的高压、高温和高应变速率区间，如图2-6所示。这是分析复合板爆炸焊接过程的关键因素[46]。

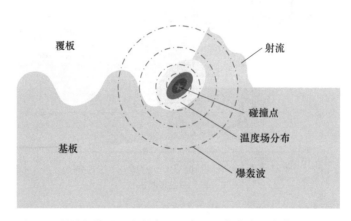

图 2-6　爆炸焊接过程中的高温、高压和高应变速率作用示意图

（1）高压区　由于炸药的爆轰波作用，使得复合加速并与基板发生瞬时碰撞和冲击作用，在碰撞区会形成瞬间高压空气区，覆板的冲击压力一般可达到 10GPa，甚至是 50GPa。该区域是爆轰波、冲击波和膨胀气体及其相互耦合作用的结果。

（2）高温区　爆炸焊接过程中，覆板与基板碰撞瞬间，高速冲击作用使得温度瞬时升高，一般可达到 $10^5℃$。在碰撞区产生的高温和高压作用是连接界面射流粒子和液态金属形成的重要原因，也是爆炸焊接过程的关键影响因素。

（3）高应变速率区　爆炸焊接过程中，界面处的金属组元一般承受超过静载屈服强度数倍甚至数十倍的应力作用，处于黏流态，从而发生高速形变。这一指标也常用于数值模拟过程中，是复合板界面连接的重要判据之一。

2.6.4 界面等离子体

等离子体被视为是除固、液、气态外，物质存在的第四态，即由于物质受到高温或其他原因，使得外层电子摆脱原子核的束缚而成为自由电子。在高速碰撞条件下，产生等离子体的条件是温度达到 10^4K[3]。爆炸焊接过程中，由于高温和高压的作用，复合板界面上会在几个原子层内形成等离子体射流，这也是爆炸焊接获得高性能界面结合强度的主要原因之一。

2.6.5 波形界面形貌特征

实践表明，性能良好的爆炸焊接复合板连接界面一般呈波状结构形貌特征，且在波形界面上会出现前、后漩涡，漩涡区一般伴随着孔洞或微裂纹等缺陷。

一般而言，波状连接界面的性能优于平直界面的性能；波长越短，前后漩涡越小，界面性能越高。

2.7　爆炸焊接复合的有限元建模

2.7.1　有限元模型的选择

由于爆炸焊接的瞬时性和焊接参数的多样性，在爆炸冲击力作用下，界面的形成涉及了复杂的物理化学反应、流体运动、能量传输、冲击、塑性变形及高温熔化等综合学科内容[18,47,48]。多学科和多因素的交叉，使得单纯通过爆炸焊接试验对其界面连接和组织演变规律进行探讨几乎难以实现。因此，本书提出采用数值模拟的方法指导铝/镁合金爆炸焊接过程、界面形成、组织演变规律的探究。

选用 ANSYS 有限元模拟软件、基于 Workbench 平台的 AUTODYN 模块，对镁/铝合金复合板的爆炸焊接过程进行二维尺度的数值模拟。图 2-7 所示为镁/铝合金复合板爆炸焊接的数值计算模型，考虑模拟计算机的计算能力，该模型中 AZ31B 镁合金基板与 6061 铝合金覆板的厚度按实际试验时板材尺寸的 1/5 等比例缩小。即建模时 6061 铝合金覆板的模拟尺寸为 10mm×0.6mm，AZ31B 镁合金基板的模拟尺寸为 10mm×3mm。该模型模拟计算的初始条件为碰撞速度（v_p）和动态弯折角（β），其数值根据试验参数及经验公式［式(2-3)和式(2-4)］计算给出。

本节中，爆炸焊接的数值计算模型选用光滑粒子流体动力学（SPH）方法，该算法是基于拉格朗日算法给出的。不仅可以有效、准确地处理材料的变形过程，而且可以很好地再现爆炸焊接过程中射流的产生与运动[49-52]，特别适用于对爆炸冲击作用下材料的变形行为进行研究。同时，SPH 方法无网格划分，因此在计算大变形过程中不会出现网格畸变等影响计算精度的问题[53,54]。

图 2-7　镁/铝合金复合板爆炸焊接的数值计算模型

模拟计算过程中，选取粒子的尺寸对计算时间和界面形貌精度、射流的可视化界面等均有一定的影响。选取粒子的尺寸为 5μm，为了确保模拟计算的精度和稳定，模拟计算过程中的时间步长为模型的默认值。

2.7.2 镁/铝合金爆炸复合的本构方程及参数

本小节以镁/铝合金复合板的爆炸焊接数值建模为例，阐述其数值模拟的本构方程。

本书以 Mie-Grüneisen 状态方程作为镁/铝合金板材的本构方程，该方程用于描述颗粒速度与冲击速度的基本关系，其表达式为：

$$p = p_H + \Gamma_0 \rho_0 (e - e_H) \tag{2-8}$$

$$\Gamma_0 \rho_0 = \text{cosstant} \tag{2-9}$$

$$p_H = \frac{\rho_0 c_0^2 \mu (1 + \mu)}{1 - (s-1)\mu^2} \tag{2-10}$$

$$e_H = \frac{1}{2} \frac{p_H}{\rho_0} \left(\frac{\mu}{1 + \mu} \right) \tag{2-11}$$

$$\mu = \left(\frac{\rho}{\rho_0} \right) - 1 \tag{2-12}$$

式中，Γ_0 为 Grüneisen 系数；p 为压力；e 为内能；μ 为压缩比；c_0 为材料的声速；ρ_0 和 ρ 分别为材料的初始密度和当前密度；p_H 为初始作用压力；e_H 为初始内能。

模型中，6061 铝合金覆板与 AZ31B 镁合金基板的状态方程参数[16]见表 2-1。

表 2-1　6061 铝合金覆板与 AZ31B 镁合金基板的状态方程参数

试验材料	$\rho_0/(\text{g/cm})$	$c_0/(\text{m/s})$	s	Γ_0	μ	Y_0/GPa
6061 铝合金	2.703	5240	1.4	1.97	27.5	0.27
AZ31B 镁合金	1.775	4516	1.256	1.43	16.5	0.22

注：表中 s 为材料的比熵，Y_0 为材料的屈服强度，μ 为压缩比。

2.8　本章小结

本章主要论述爆炸焊接复合板制备的装配形式、关键技术参数、焊接窗口、爆炸焊接复合的特点及有限元建模。基于对镁基复合板的爆炸焊接制备研究，对传统焊接性窗口范围进行了修正。针对爆炸焊接过程的特点，提出了适用于爆炸焊接过程界面连接过程分析的 ANSYS 数值模型的光滑粒子流体动力学（SPH）方法，建立了镁基复合板爆炸焊接过程的数值模型。

参　考　文　献

[1] 张婷婷. 铝/镁合金爆炸焊接界面连接机制及组织特征 [D]. 太原：太原理工大学，2017.

[2] BAIN C J, CARL L R. Compound detonators [R]. [S. l.：s. n.], 1947.

[3] 韩顺昌. 爆炸焊接界面相变与断口组织 [M]. 北京：国防工业出版社，2011.

[4] HAMMERSCHMIDT H, KLEIN F, BORCHERS C, et al. Microstructure and mechanical properties of medium-carbon steel bonded on low-carbon steel by explosive welding [J]. Materials & design, 2015, 89

（8）：369-376.

[5]　SHI C, WANG Y, ZHAO L, et al. Detonation Mechanism in Double Vertical Explosive Welding of Stainless Steel/Steel [J]. Journal of Iron and Steel Research（International）, 2015, 22（10）：949-953.

[6]　MENDES R, RIBEIRO J B, LOUREIRO A. Effect of explosive characteristics on the explosive welding of stainless steel to carbon steel in cylindrical configuration [J]. Materials & Design, 2013, 51（51）：182-192.

[7]　ACARER M, GüLEN B, FINDIK F. Investigation of explosive welding parameters and their effects on micro-hardness and shear strength [J]. Materials & Design, 2003, 24（8）：659-664.

[8]　ACARER M, GüLEN B, FINDIK F. The influence of some factors on steel/steel bonding quality on there characteristics of explosive welding joints [J]. Journal of Materials Science, 2004, 39（21）：6457-6466.

[9]　KAYA Y, KAHRAMAN N. An investigation into the explosive welding/cladding of Grade A ship steel/AISI 316L austenitic stainless steel [J]. Materials & Design, 2013, 52：367-372.

[10]　付艳恕, 张宾宾, 夏萌. 铝-铝爆炸焊接界面剪切行为与断口形貌关系研究 [J]. 实验力学, 2015, 30（2）：165-172.

[11]　GRIGNON F, BENSON D, VECCHIO K S, et al. Explosive welding of aluminum to aluminum：analysis, computations and experiments [J]. International Journal of Impact Engineering, 2004, 30（10）：1333-1351.

[12]　AIZAWA Y, NISHIWAKI J, HARADA Y, et al. Experimental and numerical analysis of the formation behavior of intermediate layers at explosive welded Al/Fe joint interfaces [J]. Journal of Manufacturing Processes, 2016, 24：100-106.

[13]　CARVALHO R, MENDES R, LEAL R M A, et al. Effect of the flyer material on the interface phenomena in aluminium and copper explosive welds [J]. Materials & Design, 2017, 122：172-183.

[14]　ATHAR M M, TOLAMINEJAD B. Weldability window and the effect of interface morphology on the properties of Al/Cu/Al laminated composites fabricated by explosive welding [J]. Materials & Design, 2015, 86：516-525.

[15]　FRONCZEK D M, CHULIST A, KORNEVA Z, et al. Structural properties of Ti/Al clads manufactured by explosive welding and annealing [J]. Materials & Design, 2016, 91：80-89.

[16]　BAZARNIK P, ADAMCZYK C. B, GALKA A, et al. Mechanical and microstructural characteristics of Ti6Al4V/AA2519 and Ti6Al4V/AA1050/AA2519 laminates manufactured by explosive welding [J]. Materials & Design, 2016, 111：146-157.

[17]　GLOC M, PLOCINSKI T, PLOWSKI T, et al. Microstructural and microanalysis investigations of bond titanium grade1/low alloy steel st52-3N obtained by explosive welding [J]. Journal of Alloys & Compounds, 2016, 671：446-451.

[18]　CHU Q L, ZHANG M, LI J H, et al. Experimental and numerical investigation of microstructure and mechanical behavior of Titanium/Steel interfaces prepared by explosive welding [J]. Materials Science & Engineering（A）, 2017, 689（3）：323-331.

[19]　CHU Q L, CAO Q, ZHANG M, et al. Microstructure and mechanical properties investigation of explosively welded Titanium/Copper/Steel trimetallic plate [J]. Materials Characterization, 2022, 192：1-12.

[20]　NING J, ZHANG L J, XIE M X, et al. Microstructure and property inhomogeneity investigations of bonded Zr/Ti/Steel trimetallic sheet fabricated by explosive welding [J]. Journal of Alloys & Compounds, 2017, 698：835-851.

[21]　ZHANG Z Y, PENG L, LIU L R. Study on defects of large-sized Ti/Steel composite materials in explosive welding [J]. Procedia Engineering, 2011, 16：14-17.

[22]　KAHRAMAN N, GüLEN C B, FINDIK F. Joining of Titanium/Stainless Steel by explosive welding and effect

on interface [J]. Journal of Materials Processing Technology, 2005, 169 (2): 127-133.

[23] KAHRAMAN N, GüLEN C B. Microstructural and mechanical properties of Cu-Ti plates bonded through explosive welding process [J]. Journal of Materials Processing Technology, 2005, 169 (1): 67-71.

[24] BINA M H, DEHGHANI F, SALIMI M. Effect of heat treatment on bonding interface in explosive welded copper/stainless steel [J]. Materials & Design, 2013, 45 (3): 504-509.

[25] CARVALHO G H S F L, GALVãO I, MENDES R, et al. The role of physical properties in explosive welding of copper to stainless steel [J]. Defence Technology, 2022 (10): 10-16.

[26] HABIB M A, KENO H, UCHIDA R, et al. Cladding of titanium and magnesium alloy plates using energy-controlled underwater three layer explosive welding [J]. Journal of Materials Processing Technology, 2015, 217: 310-316.

[27] BALGA D, OSTROUSHKO D, SAKSL K, et al. Structure and mechanical properties of explosive welded Mg/Al bimetal [J]. Archives of Metallurgy & Materials, 2014, 59 (4): 1593-1597.

[28] YAN Y B, ZHANG Z W, SHEN W, et al. Microstructure and properties of Magnesium AZ31B-Aluminum 7075 explosively welded composite plate [J]. Materials Science & Engineering (A), 2010, 527 (9): 2241-2245.

[29] ACARER M, DEMIR B, DIKICI B, et al. Microstructure, mechanical properties, and corrosion resistance of an explosively welded Mg-Al composite [J]. Journal of Magnesium & Alloys, 2022, 10 (4): 1086-1095.

[30] 王耀华. 金属板材爆炸焊接研究与实践 [M]. 北京: 国防工业出版社, 2007.

[31] 卢湘江, 张庆明, 侯东旭. 铝铝薄板爆炸焊接厚度匹配性研究 [J]. 科技导报, 2009, 27 (7): 48-51.

[32] DERIBAS A A, KUDINOV V M, MATVEENKOV F I. Effect of the initial parameters on the process of wave formation in explosive welding [J]. Combustion, Explosion & Shock Waves, 1969, 3 (4): 344-348.

[33] BLAZYNSKI T Z. Explosive welding, forming and compaction [M]. Essex: London: Applied Science Publishers, 1983.

[34] WALSH J M, SHREFFLER R G, WILLIG F J. Limiting conditions for jet formation in high velocity collisions [J]. Journal of Applied Physics, 1953, 24 (3): 349-359.

[35] COWAN G R, BERGMANN O R, HOLTZMAN A H. Mechanism of bond zone wave formation in explosion-clad metals [J]. Metallurgical & Materials Transactions (B), 1971, 2 (11): 3145-3155.

[36] RIBEIRO J B, MENDES R, LOUREIRO A. Review of the weldability window concept and equations for explosive welding [C]. [s. l.]: Institute of Physics Publishing, 2013, 430-435.

[37] DERIBAS A A, ZAKHARENKO I D. Surface effects with oblique collisions between metallic plates [J]. Combustion, Explosion & Shock Waves, 1975, 10 (3): 358-367.

[38] CARPENTER S H, WITTMAN R H. Explosion Welding [J]. Annual Review of Materials Science, 2003, 5 (5): 177-199.

[39] BATAEV I A, BATAEV A A, PRIKHODKO E A, et al. Formation and structure of vortex zones in explosive welding of carbon steel [J]. Physics of Metals & Metallography, 2011, 113 (3): 1-5.

[40] ZLOBIN B S. Explosion welding of steel with aluminum [J]. Combustion Explosion & Shock Waves, 2002, 38 (3): 374-377.

[41] LOUREIRO A, MENDES R, RIBEIRO J B, et al. Effect of explosive mixture on quality of explosive welds of copper to aluminium [J]. Materials & Design, 2016, 95 (4): 256-267.

[42] GULENC B. Investigation of interface properties and weldability of aluminum and copper plates by explosive welding method [J]. Materials & Design, 2008, 29 (1): 275-278.

[43] HAN J H, AHN J P, SHIN M C. Effect of interlayer thickness on shear deformation behavior of AA5083 alu-

minum alloy/SS41 steel plates manufactured by explosive welding [J]. Journal of Materials Science, 2003, 38 (1): 13-18.

[44] 史长根, 赵林升, 侯鸿宝, 等. 爆炸焊接最小作用量原理分析 [J]. 焊接学报, 2014, 35 (5): 88-90; 117.

[45] 郑远谋. 爆炸焊接和爆炸复合材料的原理及应用 [M]. 长沙: 中南大学出版社, 2002.

[46] ZHANG T T, WANG W X, YAN Z F, et al. Interfacial morphology and bonding mechanism of explosive weld joints [J]. Chinese Journal of Mechanical Engineering, 2021, 34 (2): 211-222.

[47] AKBARI M S A A, AL-HASSANI S T S. Finite element simulation of explosively-driven plate impact with application to explosive welding [J]. Materials and Design, 2008, 29 (1): 1-19.

[48] AKBARI M S A A, AL-HASSANI S T S. Numerical and experimental studies of the mechanism of the wavy interface formations in explosive/impact welding [J]. Journal of the Mechanics & Physics of Solids, 2005, 53 (11): 2501-2528.

[49] MONACO A D, MANENTI S, GALLATI M, et al. SPH modeling of solid boundaries through a semi-analytic approach [J]. Engineering Applications of Computational Fluid Mechanics, 2011, 5 (1): 1-15.

[50] TANAKA K. Numerical studies on the explosive welding by smoothed particle hydrodynamics (SPH) [C]. Aip Conference. American Institute of Physics, 2007: 1301-1304.

[51] XIAO W, ZHENG Y, LIU H, et al. Numerical study of the mechanism of explosive/impact welding using Smoothed Particle Hydrodynamics method [J]. Materials & Design, 2012, 35 (3): 210-219.

[52] ZHAO Z, LI X J, YAN H H, et al. Numerical Simulation of Particles Impact in Explosive-Driven Compaction Process Using SPH Method [J]. Chinese Journal of High Pressure Physics, 2007, 21 (4): 373-378.

[53] HAYHURST C J, CLEGG R A. Cylindrically symmetric SPH simulations of hypervelocity impacts on thin plates [J]. International Journal of Impact Engineering, 1997, 20 (1): 337-348.

[54] TANAKA K. Numerical Studies of Explosive Welding by SPH [J]. Materials Science Forum, 2007, 566: 61-64.

第3章

镁/铝合金爆炸焊接
复合板的界面连接行为

3.1 引言

基于爆炸焊接复合制备的技术特点，表征分析镁/铝合金爆炸焊接复合板的宏观形貌和连接界面微观结构特征；探讨连接界面和近界面区组织演变、物相组成和织构行为；结合数值模拟结果，解释波形界面、漩涡结构和绝热剪切带的形成过程及影响因素；综合塑性形变、元素扩散和化学冶金反应行为，阐明爆炸焊接复合过程中，连接界面的接合机理；进一步，对复合板连接界面微区和宏观板材力学性能进行表征分析。

3.2 复合板的宏观形貌特征

为反映复合板的宏观形貌特征，采用不同爆炸焊接参数制备了两组镁/铝合金层状复合板。表 3-1 所列为两组复合板的爆炸焊接参数及复合板连接界面形貌特征；图 3-1 所示为对应工艺参数制备的镁/铝合金层状复合板的宏观形貌图。

表 3-1　两组复合板的爆炸焊接参数及复合板连接界面形貌特征

序号	爆炸焊接参数		复合板连接界面形貌特征		
	炸药厚度 δ/mm	板间距 S/mm	起始端	中间段	末端
Ⅰ#复合板	20	4	平直界面	微波界面	小波界面
Ⅱ#复合板	25	6	小波界面 （+小漩涡）	大波界面 （+大漩涡）	大波界面 （漩涡+裂纹）

对比图 3-1 所示的两组镁/铝合金爆炸焊接复合板的宏观形貌可知，Ⅰ#复合板表面平整度好，只在覆板四周出现少量的边裂（图 3-1a），这主要是由于试验时为了提高复合板有效结合面积，复合板在试验装配时选用了覆板尺寸大于基板的尺寸（覆板的尺寸为 650mm × 350mm ×3mm，基板的尺寸为 600mm×300mm×15mm）。Ⅱ#复合板的整体变形较大，发生了

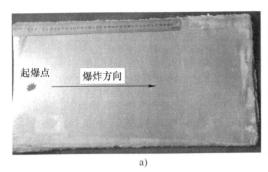 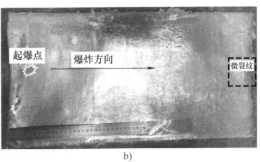

a)　　　　　　　　　　　　　　b)

图 3-1　镁/铝合金爆炸焊接复合板的宏观形貌

a）Ⅰ#复合板　b）Ⅱ#复合板

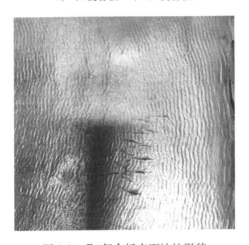

图 3-2　Ⅱ#复合板表面波纹形貌

明显的翘曲，且复合板四周出现的边裂现象比Ⅰ#复合板严重。这主要是由于Ⅱ#复合板选用的炸药量和板间距均大于Ⅰ#复合板，导致前者的爆炸冲击能更大。

对Ⅱ#复合板沿着爆炸焊接方向的末端（图 3-1b 中虚线框处）进行放大，得到其表面波形貌，如图 3-2 所示。可以发现，表面呈爆轰波传播与作用的波纹形形貌，且伴随着垂直于波纹方向和沿着波纹层间开裂的微裂纹缺陷。

3.3　复合板连接界面形貌特征

在爆轰波冲击力的作用下，受焊接参数的影响，覆板与基板碰撞的瞬间，基板和覆板在连接界面处发生不同程度的塑性形变。基板与覆板相互作用，产生不同程度的变形，宏观上以连接界面形貌特征呈现出来。因此，爆炸焊接复合板连接界面形貌会受焊接试验参数、试验材料的物理及力学性能的影响，且连接界面形貌直接影响着爆炸焊接制备复合板的服役性能。

3.3.1　沿爆炸焊接方向连接界面的形貌特征

由图 3-3f 所示的Ⅱ#复合板连接界面沿着爆炸焊接方向的末端外观形貌可知，Ⅱ#复合板表面出现了明显的波纹状形貌，这主要是由于该复合板制备时选用的试验参数较大，导致了覆板铝合金在厚度方向上发生了整体的塑性变形，在宏观上复合板的上表面（覆板表面）呈现出波纹形貌。

在爆炸焊接试验现场采用 PXUT330 型数字式超声探伤仪检测复合板的有效结合面积。超声探伤参照平面层合板探伤标准，探伤频率为 2.5MHz。探伤结果表明：镁/铝合金爆炸焊接复合板的有效结合面积均达到了 100%。需要指出的是：经超声波探伤仪检验复合板的结合率，只能作为复合板连接界面结合率的初步判定，并不代表整个复合板连接界面的连接均是良好的。因为超声探伤仪不能检测到连接界面处的微观缺陷，如孔洞、微裂纹等。

两组镁/铝合金爆炸焊接复合板沿着爆炸焊接方向，分别截取起始端、中间和末端试样，对复合板的横截面连接界面形貌进行对比分析，得到如图 3-3 所示的结果。其中，图 3-3a～c 分别为沿着爆炸焊接方向 I#复合板起始端、中间和末端的横截面连接界面形貌；图 3-3d～f 分别为沿着爆炸焊接方向 II#复合板起始端、中间和末端的横截面连接界面形貌。

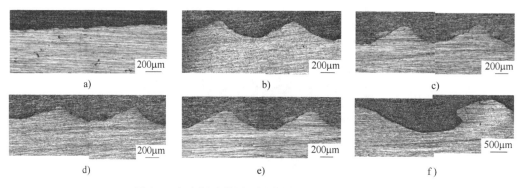

图 3-3　复合板连接界面沿着爆炸焊接方向的形貌

由图 3-3 所示的复合板沿着爆炸焊接方向不同位置处的界面形貌特征可知：I#和 II#复合板连接界面从起始端到末端均呈现不断变化的形貌，这主要是由于爆炸焊接过程中，碰撞角不断变化引起的。I#复合板从起始端到末端，连接界面形貌特征为基板呈现平直界面向波形界面的过渡，且在末端的连接界面处出现了漩涡结构；II#复合板从起始端到末端，连接界面形貌均呈现波形界面，但是波形界面的波幅和波长整体呈增大的趋势，且漩涡结构的尺寸随着波形界面尺寸的增大而增大。复合板连接界面形貌在沿着爆炸焊接方向上不断变化，这一规律是爆炸焊接工艺的特有属性，是一种普遍规律。造成爆炸焊接复合板沿着爆炸焊接方向连接界面形貌差异的主要原因是：爆炸焊接过程中，沿着爆炸焊接方向，覆板与基板的碰撞角和覆板的碰撞速度均会不断变化[1]。此外，复合板结合界面形貌沿着爆炸焊接方向的变化特征还与试验板材的尺寸有关。试验板材的长度越大，沿着爆炸焊接方向覆板与基板的碰撞角和碰撞速度变化越小，不同位置处波形界面的尺寸变化也越小。本书中，制备的镁/铝合金复合板主要是在试验条件下进行的研究。因此，选用的试验板材尺寸较小，沿着爆炸焊接方向上复合板横截面处的连接界面形貌特征从起始端到末端变化较大。

综上所述，爆炸焊接方法制备复合板时，连接界面形貌沿着爆炸焊接方向存在不均匀性。但是，为了保证焊接复合板连接界面的整体质量良好，可以调整试验参数在焊接窗口下限附近。

3.3.2　连接界面的几种典型形貌特征

为了后文能更清晰、直观地表述不同连接界面形貌与组织演变和力学性能之间的关系，本书以连接界面的基本形貌和漩涡结构为依据，Ⅰ#和Ⅱ#镁/铝合金爆炸焊接复合板连接界面的形貌大体归为四类：平直界面、微波界面、小波界面和大波界面。其中，微波界面是指连接界面呈现典型的波状连接，且连接界面处未出现漩涡结构；小波界面是指连接界面呈现典型的波状连接，且连接界面处出现小的漩涡结构；大波界面是指连接界面呈现典型的波状连接，且连接界面处出现大的漩涡结构。

（1）平直界面（图 3-4）　图 3-4 截取自Ⅰ#复合板沿着爆炸焊接方向的起始端，为典型平直界面形貌。

由图 3-4 可知，在爆炸焊接冲击力的作用下，复合板连接界面处覆板铝合金和基板镁合金均未发生明显变形。形成该结合界面形貌特征的原因是：在爆炸焊接的起爆点附近，覆板与基板接触的瞬间，覆板与基板的碰撞角很小，且板间距太小使得覆板没有足够的飞行距离，导致覆板的碰撞速度较小，结合焊接窗口区间可知，

图 3-4　镁/铝合金复合板的平直界面形貌

该爆炸焊接的能量不足以使材料发生塑性变形，即在宏观上呈现平直界面形貌。因此，通过增大炸药量或者调整覆板与基板的尺寸，可以避免和缩小爆炸焊接复合板起始端的平直界面连接区。在爆炸焊接复合板的实际工程应用中，起爆点附近材料由于界面连接的不均匀性，常作为边角料被裁掉。

（2）微波界面（图 3-5）　Ⅰ#镁/铝合金爆炸焊接复合板的横截面连接界面在形貌上基本均呈现这种波形界面形貌特征，形成该波形界面的原因主要是沿着爆炸焊接方向，覆板与基板的碰撞角度逐渐增大，使得覆板与基板的碰撞能量增大。

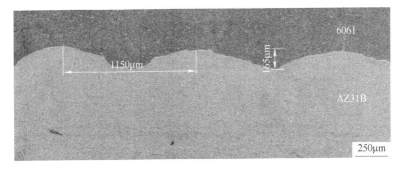

图 3-5　镁/铝合金复合板的微波界面形貌

由图 3-5 可知：界面连接良好，未出现未结合、裂纹或孔洞等缺陷，且该波形界面的平均波长约为 1150μm，平均波幅约为 165μm。

（3）小波形界面（图3-6） 对Ⅱ#镁/铝合金爆炸焊接复合板的横截面截取试样进行 SEM分析，得到如图3-6所示的小波形界面SEM图。形成该波形界面的原因主要是沿着爆炸焊接方向，覆板与基板的碰撞角度逐渐增大，使得覆板与基板的碰撞能量增大。

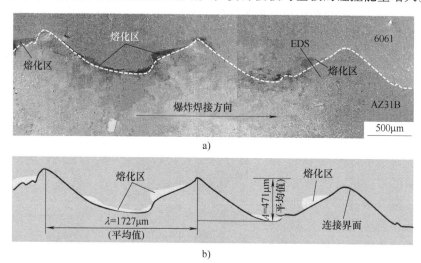

图3-6 镁/铝合金复合板的小波形界面形貌

对图3-6b所示的复合板连接界面形貌进行测量，可得出：该位置处的小波形界面的波长约为1727μm，波幅约为471μm；同时，在复合板连接界面处出现了小的漩涡结构和局部熔化区。

（4）大波形界面（图3-7） 由Ⅱ#镁/铝合金爆炸焊接复合板连接界面形貌特征分析可知：沿着爆炸焊接方向，随着覆板与基板碰撞角度和碰撞速度的不断变化，其连接界面处波形界面波幅和波长均呈现增大的趋势，在复合板的末端连接界面呈现大的波形界面形貌，且连接界面处的漩涡结构平均尺寸也随之增大。与此同时，连接界面处的部分漩涡结构内出现了孔洞和微裂纹。

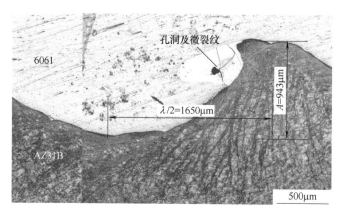

图3-7 镁/铝合金复合板的大波形界面形貌

由图3-7可知：该位置处复合板的波形界面平均波长为3300μm，平均波幅为943μm；漩涡结构内出现了微裂纹和孔洞。主要是由于炸药量和板间距的增大，导致爆炸焊接过程中覆板与基板的塑性变形程度增大，塑性变形产生的热使材料升温而导致其局部熔化，且熔化区为硬脆的镁铝金属间化合物，在爆炸焊接过程中急速冷却导致微区结构内的不均匀变形和应力集中。因此，制备镁/铝合金爆炸焊接复合板时，需要严格控制焊接窗口的上限，尽量避免复合板连接界面过度熔化，影响复合板的整体力学性能。

3.3.3　波形界面的形成机理

由于爆炸焊接过程的瞬时性，很难单纯采用试验表征的方法解释连接界面形貌、形成原因与试验参数的内在联系。因此，本书结合 ANSYS 数值建模，系统探究镁/铝合金爆炸焊接复合板连接界面形貌的过渡、波形界面及漩涡结构的形成机理。

为了表征不同焊接参数下，镁/铝合金爆炸焊接复合板连接界面的不同形貌特征，本书在 ANSYS 数值模拟时，设置了两组初始条件，即碰撞速度（v_p）和动态弯折角（β）分别为：1000m/s、20°和 600m/s、15°，对两组焊接参数下的连接界面形貌及漩涡结构的波形界面形成过程进行表征和分析。ANSYS 数值模拟的模型选用 SPH 光滑粒子模型，粒子尺寸为 5μm，试验步长为计算机默认值。数值模拟镁/铝合金复合板连接界面形貌结果如图 3-8 所示。

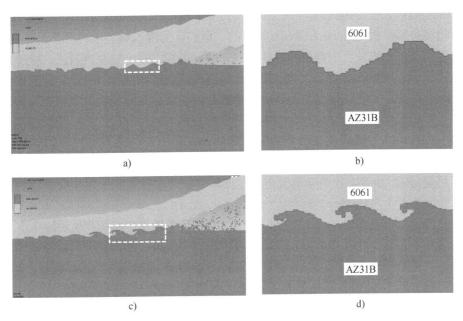

图 3-8　镁/铝合金爆炸焊接复合板的 ANSYS 模拟结果

如图 3-8 所示，SPH 模型很好地再现了爆炸焊接试验得到的镁/铝合金复合板连接界面的形貌特征；图 3-8a 所示的一组复合板连接界面形貌，同样是由起始端的平直界面向微波界面过渡；图 3-8b 所示为该组复合板连接界面的局部放大图；图 3-8c 所示为另一组焊接参数下模拟的复合板连接界面形貌，同样出现了试验过程中发现的漩涡结构；图 3-8d 所示为另一组复合板连接界面的局部放大图；但是，该数值模拟得到的波形界面尺寸与试验所得的尺寸并不成比例，这是数值模拟建模时忽略了实际试验过程中的诸多因素所致，因此它是一种简化模型。尽管如此，基于连接界面形貌的一致性结果，数值模拟的结果有助于探寻焊接参数与实际试验时连接界面形成的内在联系。

图 3-8a 和图 3-8c 所示的数值模拟连接界面结果表明：爆炸焊接过程中，镁/铝合金复合板连接界面处均出现了明显的射流，因此在爆炸焊接过程中，在连接界面处形成射流是实现复合板连接界面连接的必要条件之一[2-4]；复合板连接界面前端形成的射流粒子中既有基板镁合金粒子也有覆板铝合金粒子，且镁合金粒子的贡献量明显多于铝合金粒子的贡献值，这主要是基板镁合金材料的密度低于覆板铝合金材料的密度[5-7]。

一般而言，爆炸焊接过程中，碰撞点处射流的产生作为评判实现良好爆炸焊接复合板连接界面连接的必要条件[3]。此外，连接界面处射流的出现一方面可以去除基板和覆板待焊接表面的氧化膜，使材料的新鲜表面裸露出来，有利于覆板和基板的有效连接；另一方面射流可以清洁待焊接金属表面，减少金属间化合物的生成。一般而言，当碰撞点的速度超过材料的亚声速时，无论碰撞角多大，均会产生射流；当碰撞点处的压力大于材料静强度的 9 倍时，碰撞点处的金属材料才能达到塑性流动状态，形成射流[1]。即当冲击载荷超过材料的动态强度时，也可能形成射流。

多年来，随着爆炸焊接技术的不断发展与完善，关于爆炸焊接复合板波形界面的形成机理一直备受关注，众多研究学者也提出过几种波形界面的形成机制，主要有：侵彻机理[23]、失稳机理[8,9]、涡街机理[10,11]、波的传播理论[12]等。

侵彻机理最早是由 Bahrani 和 Black 提出的，他们认为覆板喷射流可看作是低黏性流体，在高压的侵彻下，基板发生变形从而形成凸起，凸起不断升高，捕获到射流，碰撞点随着波形界面移动，重新形成新的波形，如此连续产生周期性的波状结合。目前，侵彻机理是与试验结果相符较好的一种理论模型。但是，尽管该理论与试验观察到的现象相当一致，但是该理论忽略了基板产生射流的事实，这与本书研究的镁/铝合金复合板爆炸焊接过程不吻合。

Kelvin-Helmholtz 失稳机理是由 Cowan 和 Holtzman 提出的，他们认为波形界面的形成是由连接界面塑性流不连续稳定引起的。

涡街机理是由 Kowalic 和 Hay 等提出的，该理论认为连接界面上的金属流围绕一个障碍物前进时，发生了金属流的分离和再汇合。

应力波理论最早是由 Godunov 等提出的，该理论认为波形界面的产生根源于应力波的作用，碰撞过程中，拉伸波和压缩波在界面上发生反射和折射，周期性相同的拉伸波和压缩波在碰撞点处发生干涉形成扰动源。扰动源跟随碰撞点移动，从而产生连续波状连接界面。

综上所述，对于爆炸焊接波形界面的形成机理尚且没有统一的结论[1,13-15]。鉴于此，本书在前人研究的基础上，结合 ANSYS 数值模拟的结果，提出新的理论模型，解释镁/铝合金爆炸焊接复合板波形界面的形成的机理。

如图 3-8a 所示，镁/铝合金复合板连接界面，在爆炸焊接过程中的不同时刻进行波形界面形貌图截取（时间间隔为 $0.035\mu s$），可以直观呈现出数值模拟过程中一个完整周期波形界面的形成过程，如图 3-9 所示。

如图 3-9 所示，爆炸焊接过程中，覆板和基板在待焊接界面处有两个典型的现象，即射流粒子和碰撞点均随着爆炸焊接方向呈现周期性的运动，图 3-9 中连接界面前端箭头方向代表射流粒子的周期性运动方向。

为了更直观地表达覆板与基板在待焊接界面上碰撞点及射流粒子的周期性运动与波形界面形成的内在联系，建立了如图 3-10 所示的波形界面形成过程示意图。该理论模型建立在

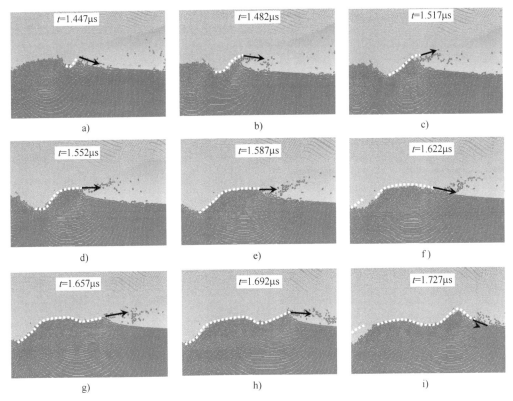

图 3-9　爆炸焊接过程中不同时刻接合界面形貌

一个假设的前提，即假设覆板与基板在碰撞区的材料属性可看作是低黏性的流体，即处于易塑性变形态。当然，这一假设与实际爆炸焊接过程中碰撞区材料的属性是一致的，原因是：①在 ANSYS 模拟过程中可以明显地观察到大量的射流粒子；②在实际试验过程中，在覆板与基板的碰撞区，由于覆板的高速运动，使得覆板与基板碰撞空间的空气会被瞬间压缩，导致温度升高，碰撞区金属材料处于熔融态流体。因此图 3-11 理论模型建立的前提是合理的，与实际镁/铝合金复合板制备过程也是较为吻合的。

根据理论模型可将复合板波形界面的形成过程分解为以下几个关键阶段：

第一阶段：覆板对基板的冲击使得基板发生塑性变形。覆板与基板发生碰撞时（图 3-10a），当碰撞点压力远大于材料的屈服强度时，碰撞区材料会发生明显的塑性变形，并在冲击载荷作用下形成小的凸起；碰撞区材料的塑性变形会直接导致碰撞区前段射流粒子运动方向及覆板与基板下一碰撞点位置的相应改变（图 3-10b）。

第二阶段：碰撞点的周期性运动。碰撞区材料的最大塑性变形程度与覆板有关，当发生变形的基板与覆板接触时（图 3-10b），覆板对基板的冲击作用使得下一碰撞点只能沿变形材料向下向前推动（图 3-10c），并不断地对基板产生冲击载荷使得碰撞区材料发生下一周期的变形（图 3-10d）。

此外，模拟过程中发现的射流的周期性运动对复合板连接界面波形形成过程的贡献主要体现在：射流的周期性运动，对连接界面连接区有周期性的冲击作用，有助于进一步扩大碰撞区基板和复合的塑性变形程度，即在一定程度上增大形成波形界面的宏观尺寸。

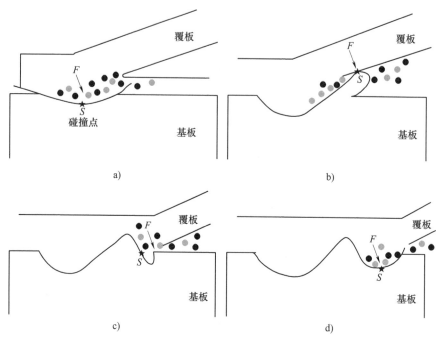

图 3-10　波形界面形成过程示意图

综上所述，镁/铝合金爆炸焊接复合板连接界面形成的波形特征主要是由于碰撞区材料的塑性变形，影响了覆板与基板在连接界面处的碰撞点及射流粒子的周期性运动。即连接界面处形成波形的形貌是碰撞区材料的塑性变形引起的碰撞点及射流粒子运动方向的周期性运动综合作用的结果。

根据前文对不同焊接参数下镁/铝合金爆炸焊接复合板连接界面形貌的研究发现：漩涡结构的波形界面也是铝/镁复合板连接界面的典型形貌特征，沿着爆炸焊接方向上，其不可避免地出现在整个镁/铝合金爆炸焊接复合板上，只能通过调整焊接参数和板材尺寸尽可能地控制漩涡结构的尺寸，以确保整块复合板都获得高质量的连接界面。因此，研究镁/铝合金爆炸焊接复合板连接界面出现的漩涡结构对后续指导分析复合板的性能是必不可少的。

对图 3-8c 所示的漩涡结构波形界面的 ANSYS 数值模拟过程进行分解，为了能更直观地解释连接界面处漩涡结构的形成过程，对数值模拟结果建立了对应的理论模型，如图 3-11所示。

由图 3-11 可见，漩涡结构形成的关键在于基板出现大的塑性变形，并捕获射流粒子（图 3-11c），即漩涡结构的形成主要是由于炸药量或板间距的增大时，直接导致覆板与基板的碰撞角增大，使得基板镁合金的塑性变形程度增大，进而直接导致射流方向快速改变；随着碰撞冲击点 S 的上移及碰撞冲击力的增大，基板镁合金与覆板铝合金接触，进而导致大量覆板铝合金产生的射流被基板捕获，从而形成了宏观的漩涡结构（图 3-11d）。而漩涡结构内的组织则是局部熔化，产生该现象的原因是镁/铝合金复合板的塑性变形热。因此，通过数值模拟对界面处漩涡结构的形成过程进行预测，可进一步推理漩涡结构内的组织成分应该为镁、铝金属间化合物，且漩涡结构内的组分组成中，铝元素所占比例大于镁元素。这一现象可通过图 3-11c 所示结果进行解释，漩涡结构是基板变形、捕获射流中大量的铝元素粒

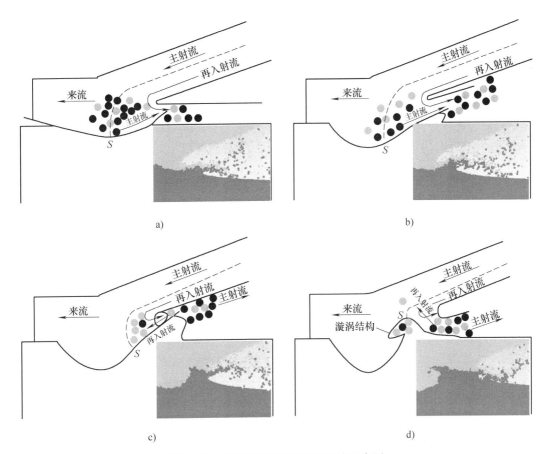

图 3-11　漩涡结构的波形界面形成示意图

子，阻碍其继续向前运动形成的。这一理论模型建立的正确性在后续章节的漩涡结构内 EBSD 分析和 EDS 分析结果中得到了很好的证实。

因此，结合 ANSYS 数值模拟及理论模型的建立，可得出：镁/铝合金爆炸焊接复合板波形界面的形成过程是由基板镁合金的塑性变形引起碰撞点和前端射流粒子的周期性运动共同作用的结果；复合板连接界面处漩涡结构的形成主要是由于基板塑性变形较大时，基板捕获覆板产生的射流粒子而导致的；碰撞过程中，基板发生的塑性变形越大，捕获的射流粒子越多，即塑性变形产生的热量越大，导致局部熔化区越大，形成的漩涡结构尺寸也越大。

3.3.4　影响波形界面的因素

在同种或异种材料的爆炸焊接复合板制备过程中，复合板的连接界面形貌一般会出现三种典型结构：平直界面、波形界面及熔化区界面[1,13,16]。广大学者普遍认为：当连接界面为波形界面时，是爆炸焊接复合板理想的连接界面形貌[17-19]。但是，波形界面的形成不仅与材料的物理属性有关，还与焊接试验参数有关。

因此，为了能更好地指导镁/铝合金复合板制备时焊接参数的选择，本书先通过 ANSYS 数值建模的方法，以两个关键试验参数（炸药量 R 和板间距 S）为变量，对复合板连接界面形貌特征进行对比分析和研究。

相关文献[13,19-21]均提出波形界面是爆炸焊接制备复合板连接界面的理想界面，连接界面的形貌也直接影响复合板连接界面的力学性能。试验材料的属性、焊接试验参数将影响连接界面形貌的因素可归纳为以下两大类。

（1）影响波形界面形成的内因　从材料的物理属性出发，材料的密度、硬度、屈服强度、熔点等均影响着连接界面的形貌特征。R. Carvalho 等[22]通过对目前爆炸焊接复合板连接界面的形貌进行统计分析，得出了波形界面因子（Wave interface factor，WIF）与材料密度、熔点的关系式：

$$\mathrm{WIF} = \frac{\rho_{\mathrm{Flyer}}}{\rho_{\mathrm{Base}}} \times \frac{T_{\mathrm{Flyer}}}{T_{\mathrm{Base}}} = \rho_{\mathrm{R}} \times T_{\mathrm{R}} \tag{3-1}$$

根据式（3-1）计算 $\mathrm{WIF}_{\mathrm{Al/Mg}}$，得出 $\mathrm{WIF}_{\mathrm{Al/Mg}} = 1.58$。

R. Carvalho 还指出，当 WIF 值大于 5.44 时，无论怎么调整焊接参数，连接界面都无法形成波形界面；当 WIF 值小于 5.44 时，可以通过调整焊接参数获得不同波形尺寸的波形界面。因此，根据该理论，$\mathrm{WIF}_{\mathrm{Al/Mg}}$ 远小于文献给出的临界 WIF 值（5.44），可判断镁/铝合金采用爆炸焊接复合时，连接界面非常容易形成波形界面。波形界面因子与连接界面形貌的分布图如图 3-12 所示。

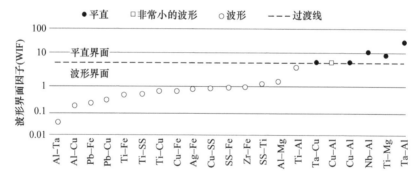

图 3-12　波形界面因子与连接界面形貌的分布图[22,23]

然而，波形界面是试验材料在连接界面处的一种塑性变形形式[24]。不难推断，波形界面的形成与材料塑性变形能力（屈服强度）有一种必然的联系，R. Carvalho 提出的波形界面因子中未考虑材料的屈服强度、硬度等物理属性。因此，式（3-1）作为判定波形界面形成的判据还有待进一步修正。

（2）影响波形界面形成的外因　材料在连接界面处的宏观塑性变形，必离不开力的作用。爆炸焊接过程中的作用力即是爆炸载荷力。因此，复合板连接界面的波形界面形成的外因是：爆炸载荷力和载荷力在材料内部的传播。

1）爆炸载荷是一种脉冲载荷。脉冲载荷是指爆炸产生的冲击载荷是一高一低的，以一定的波长、波幅和频率，脉冲式的与材料发生作用。

2）爆炸载荷是以波的形式传播的。爆炸载荷由爆炸化学反应产生，且炸药的燃烧、爆炸和爆轰反应在起爆点发生后，均是以波的形式在炸药中传播的[25]。一般而言，连接界面波形的波幅尺寸是由爆炸载荷的大小和基、覆板的比强度决定的；而波长尺寸是由炸药的爆轰波反应区宽度决定的。爆轰波反应区的宽度和界面波的波长为 0.1~1mm，且随着炸药的爆速、厚度和颗粒的增大而增大。因此，不难推断这种脉冲载荷以波的形式与覆板发生作用，覆板再与基板发生作用，在覆板与基板接触面形成的体系内，作用载荷和载荷传播是一个非常复杂的综合作用过程。

综上所述，实际爆炸焊接过程中，复合板连接界面形成波形形貌的尺寸是由试验材料物理属性、选用的炸药属性、试验参数等因素单一或交互影响、相互作用的结果，是一个复杂的、综合的体系。因此，本书的研究是建立在现有覆板铝合金和基板镁合金确定物理属性，以及选择的炸药类型为低爆速硝铵类炸药的前提下，对复合板连接界面处波形的形成过程展开的研究。

3.4　复合板连接界面的漩涡结构特征

在爆轰波瞬时冲击载荷的作用下，复合板连接界面波形形貌的形成实际上是由于覆板铝合金及基板镁合金会在连接界面处发生不同程度的塑性变形导致的。然而，由于覆板铝合金与基板镁合金的物理、力学属性及晶体结构的差异，使得近界面区的基体因不同的受力状态而呈现不同的微观组织特征；同时，依据镁/铝合金爆炸焊接连接界面两侧的组织演变，可反推连接界面及近界面区材料的塑性变形行为。因此，用试验数据表征在爆炸焊接冲击力作用下，复合板连接界面及近界面区基体的组织形貌特征，特别是连接界面处形成的漩涡结构、局部熔化区组织形貌，对揭示爆炸冲击载荷与复合板界面连接的内在联系，指导镁/铝合金爆炸焊接复合板的制备具有重要的理论意义。

3.4.1　漩涡结构界面形貌特征

探讨复合板连接界面组织演变特征时，以典型的小波界面对漩涡结构、局部熔化区及近界面区基体不同位置的微观组织形貌进行表征分析，如图 3-13 所示。

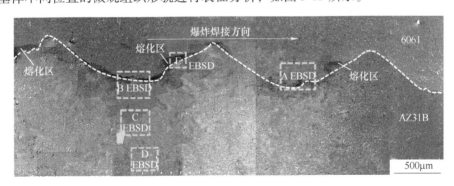

图 3-13　镁/铝合金爆炸焊接复合板的 SEM 图

3.4.2　漩涡结构内物相组成

图 3-14a 所示为镁/铝合金复合板连接界面漩涡结构的局部放大形貌图；图 3-14b 所示为图 3-14a 所示漩涡结构内 B 点的 EDS 点扫描结果；图 3-14c 所示为从覆板铝合金侧开始，跨过漩涡结构的局部熔化区，直到基板镁合金侧的 EDS 线扫描结果，图中 cps 为信号强度。

如图 3-14b 所示，复合板连接界面处的局部熔化区内组织成分为铝、镁合金的混合组织，其中，铝原子所占比例大于镁原子所占比例。由图 3-14c 可知，该局部熔化区内为铝、镁合金的金属间化合物的混合组织。

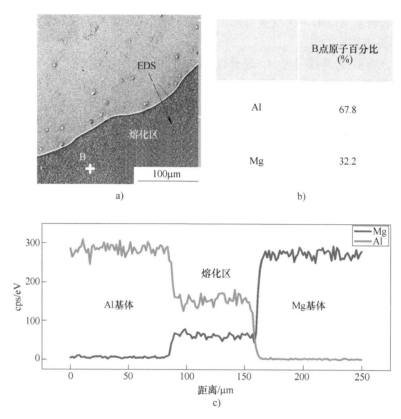

	B点原子百分比 (%)
Al	67.8
Mg	32.2

图 3-14　漩涡结构内的形貌及能谱结果

　　结合之前所述，可将漩涡结构的形成机理归结为：由于基板的大塑性变形导致大部分的覆板射流粒子和少部分的基板射流粒子被覆板铝合金捕获，在复合板波形界面形成了漩涡结构。漩涡结构可分解为铝合金侧和镁合金侧，如图 3-15 所示。

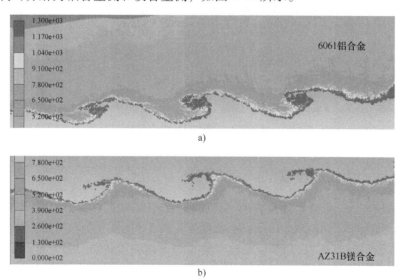

图 3-15　ANSYS 数值模拟的漩涡结构

a）覆板铝合金侧　b）基板镁合金侧

为了探寻复合板连接界面处漩涡结构内的组织和成分，本书从 ANSYS 数值模拟的结果作为出发点（图 3-15），为使试验结果更直观明了，将复合板从连接界面处剥离，观察基板对覆板对漩涡结构的贡献。

对比图 3-15a 和图 3-15b 可知，镁/铝合金复合板连接界面的漩涡结构中，覆板铝合金的贡献明显大于基板镁合金的贡献。这与图 3-14 所示的 EDS 试验结果一致。

3.4.3　漩涡结构内组织形貌

为了进一步分析和表征漩涡结构及界面局部熔化区内的微观组织形貌特征，本书采用 EBSD 对漩涡结构内的微观形貌进行表征分析。图 3-16 所示为镁/铝合金爆炸焊接复合板连接界面处的典型漩涡结构。

对图 3-16 所示的镁/铝合金复合板连接界面处的漩涡结构框线内微观形貌进行 EBSD 表征分析，得到图 3-17 所示的组织形貌图。其中，图 3-17b 为对图 3-17a 所示形貌，根据相邻晶粒取向差绘制的反极图。

对比图 3-17a 和 b 可知，漩涡结构内的组织结构为晶粒尺寸细小的等轴晶组织，平均晶粒尺寸约为 $3\mu m$；通过对该区域内的不同物相用不同颜色进行区别，得到图 3-17c 所示的形貌图，统计区域内两物相（$Mg_{17}Al_{12}$ 相和 Mg_2Al_3 相）所占比例分别为 76.5% 和 23.5%；该漩涡结构内出现的两物

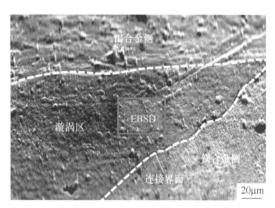

图 3-16　镁/铝合金爆炸焊接复合板连接界面处的典型漩涡结构

相（$Mg_{17}Al_{12}$ 相和 Mg_2Al_3 相）对应菊池花样如图 3-17e 和 f 所示。

因此，镁/铝合金复合板连接界面处出现的漩涡结构内组织为 $Mg_{17}Al_{12}$ 相和 Mg_2Al_3 相的混合组织。其中，$Mg_{17}Al_{12}$ 相分布比例远大于 Mg_2Al_3 相的分布比例。这一现象的形成主要是 $Mg_{17}Al_{12}$ 相形成所需的吉布斯自由能远低于 Mg_2Al_3 相形成所需的吉布斯自由能。

3.4.4　局部熔化区组织结构

进一步对镁/铝合金复合板连接界面处出现的典型局部熔化区内组织形貌、成分进行表征分析。图 3-18 所示为镁/铝合金复合板连接界面处局部熔化区的 EBSD 结果及组织形貌。

图 3-18b 所示的 EDS 线扫描结果对应图 3-18a 中局部熔化区的位置，由图 3-18b 可知，该局部熔化区组织为铝、镁金属间化合物；图 3-18c 是对局部熔化区局部放大进行的 EBSD 表征结果，结果表明：该局部熔化区组织为细小的等轴晶晶粒，平均晶粒尺寸约为 $5\mu m$；图 3-18d 所示为该局部熔化区的菊池花样，结果表明：该局部熔化区组织为单一的 $Mg_{17}Al_{12}$ 相。产生这一现象的原因主要有：①形成 $Mg_{17}Al_{12}$ 相所需的吉布斯自由能远低于形成 Mg_2Al_3 相所需的吉布斯自由能；②镁/铝合金复合板的爆炸焊接制备过程几乎是瞬时完成的，且该局部熔化区的区域较小。

一般而言，铝镁金属间化合物的主要形式有 γ、β、R、ε 和 λ[26]。其中，γ-$Mg_{17}Al_{12}$ 相

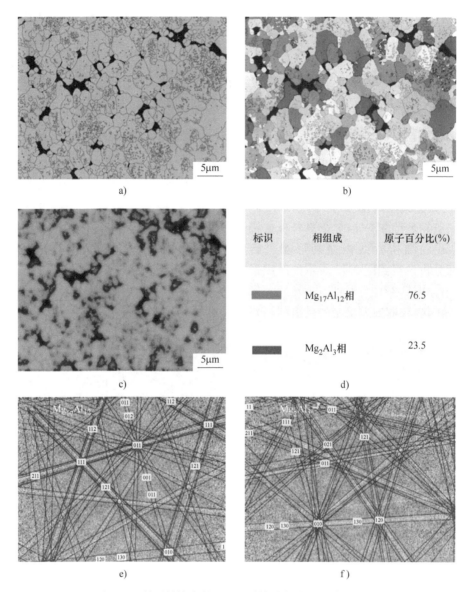

图 3-17　漩涡结构内的 EBSD 形貌对应图 3-13 中位置 E

a）母材图　b）反极图　c）相组成分布图　d）变形晶粒统计百分比

e）漩涡区内的 $Mg_{17}Al_{12}$ 相对应菊池花样　f）漩涡区内的 Mg_2Al_3 相对应菊池花样

和 β-Mg_2Al_3 相是平衡相，且高温条件下 γ-$Mg_{17}Al_{12}$ 相和 β-Mg_2Al_3 单一或同时最容易在 Al/Mg 金属界面层中形成[27]。对比 γ-$Mg_{17}Al_{12}$ 相和 β-Mg_2Al_3 相，$Mg_{17}Al_{12}$ 相形成所需的吉布斯自由能远低于 Mg_2Al_3 相形成所需的吉布斯自由能[28]，即在同一条件下，$Mg_{17}Al_{12}$ 相比 Mg_2Al_3 相更容易形成；但是，当 $Mg_{17}Al_{12}$ 相和 Mg_2Al_3 相同时形成后，Mg_2Al_3 相的长大速度远大于 $Mg_{17}Al_{12}$ 相的长大速度[5,6]。

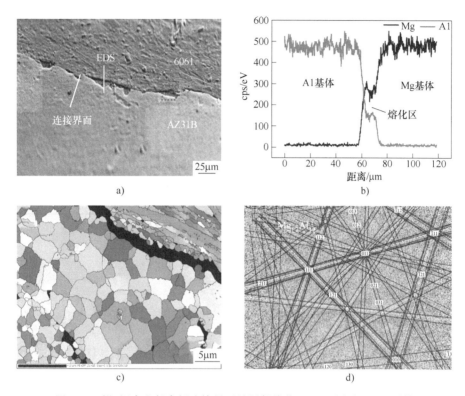

图 3-18　镁/铝合金复合板连接界面处局部熔化区 SEM 图及 EBSD 形貌

a）SEM 图　b）EDS 线扫描结果　c）局部熔化区内形貌的反极图　d）局部熔化区的菊池花样

3.5　基体中绝热剪切带特征及形成机理

对镁/铝合金爆炸焊接连接组织形貌表征进行分析，可发现近界面区镁合金侧均出现了典型的绝热剪切带（ASB）组织结构，而在铝合金侧未发现。ASB 组织结构是爆炸焊接连接界面上形成的一种特殊结构形貌的组织，与一些其他高能速率加工或成形、机加工、锻造、爆炸碎化和弹丸冲击靶板（如装甲材料）等过程中的剪切带存在差异。

3.5.1　绝热剪切带的组织特征

图 3-19 所示为镁合金侧（AZ31B）出现的典型绝热剪切带（ASB）组织结构形貌。

如图 3-19 所示，镁合金侧基板出现的 ASB 组织呈带宽约为 10μm 的条带状结构特征；ASB 内组织形貌为拉长的条带状组织，而周围组织为晶粒细小的等轴晶组织；在 ASB 中，带与带之间的组织形貌为未变形的多边形镁合金晶粒。这一现象正是绝热剪切带组织的典型形貌结构，造成这一现象的原因主要是材料承受局部、大塑性变形[29]。ASB 组织有两个典型特征：①ASB 区为局部大塑性变形区；②ASB 的形成需要在绝热条件下发生，这部分能量来源于高应变速率变形使得材料在短时间内温度瞬间升高[30]。一般而言，ASB 内的变形量远大于周围金属的变形量，并伴随极高的形变速率（$10^2 \sim 10^7 \mathrm{s}^{-1}$），在动态冲击载荷的作用下，材料在很短的时间内（一般是几微秒）温度急剧升高，即局部热量产生的速度远大

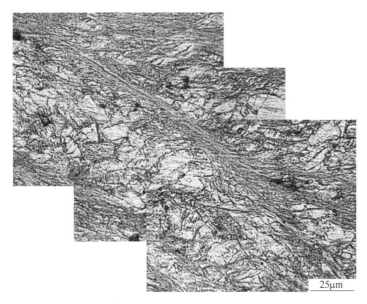

图 3-19　镁合金侧出现的典型绝热剪切带组织结构形貌

于热量向周围扩散的速度，局部的动态变形几乎是在绝热的条件下进行的[13]。

为了进一步分析 ASB 组织的微观形貌特征，本书采用 EBSD 技术对典型区域的 ASB 组织形貌进行表征和分析，得到如图 3-20 所示的绝热剪切带形貌图。

图 3-20 用不同颜色对再结晶晶粒、变形晶粒及亚晶结构区分标识。由图 3-20 可见，ASB 内的组织为细小的再结晶晶粒，周围组织为变形的拉长晶粒和一些亚晶结构。这主要是由于 ASB 内为高应变集中区域，且带内储存大量的热量。

目前，发现的 ASB 主要有两类：一种是应变高度集中的、晶粒和组织剧烈拉长甚至破坏的形变带，这种形变带会发生再结晶，导致软化现象出现；另一种是发生相变，形成微晶或纳米结构的相变带，这种绝热剪切带多出现在钢中。

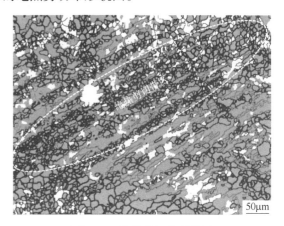

图 3-20　绝热剪切带形貌图

3.5.2　绝热剪切带的形成过程

ASB 这种特殊的组织形貌特征，最早是由 C. Zener 和 J. H. Hollomen[31] 提出的。在爆炸焊接冲击力的作用下，剪切带均在覆板与基板的碰撞界面上出现。根据剪切带与连接界面的夹角，从形态上剪切带被分为两大类：将形成的剪切带与波形界面呈 45°，由界面向金属内部不断延伸的剪切带称为Ⅱ类；将沿着爆炸焊接连接界面延伸或者与波形界面的夹角很小的剪切带称为Ⅰ类[32]。

（1）理论模型的建立　针对镁/铝合金爆炸焊接复合板基板镁合金侧形成的 ASB 组织，

本书从应力波传播理论出发，建立了绝热剪切带形成的理论模型，如图 3-21 所示。

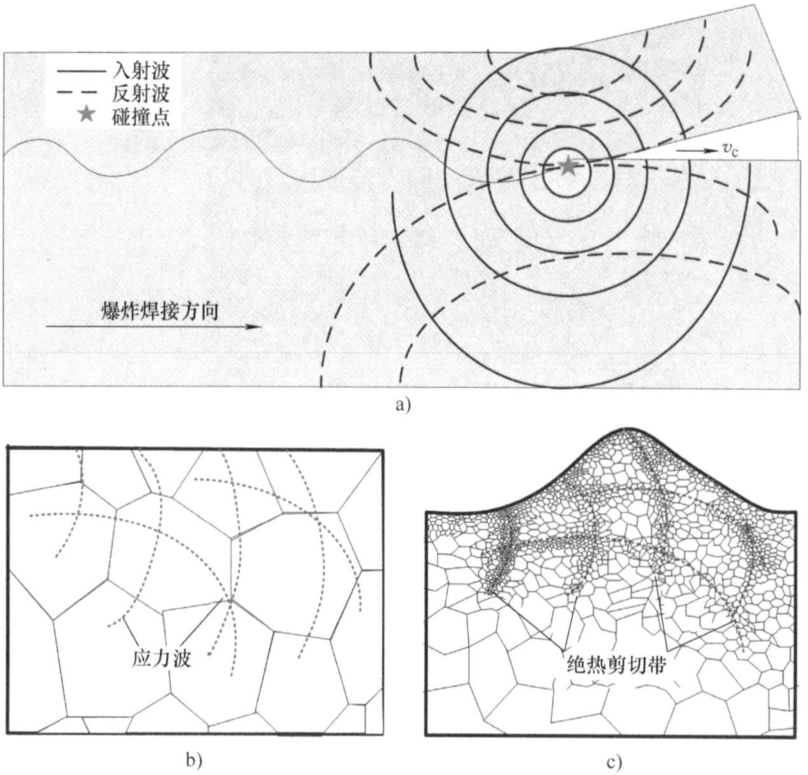

图 3-21　绝热剪切带组织的形成机理图

a）碰撞点应力波的传播　b）爆轰波冲击力作用下的应力分布图　c）绝热剪切带的形成

与光波传播类似，在材料内部的传播过程中，爆炸焊接冲击波遇到界面时也会发生反射和折射现象。爆炸焊接过程中，当覆板与基板发生碰撞时，在碰撞点所产生的压力波以放射方向向外传播，如图 3-21a 所示，该传播的冲击波遇到界面时会发生反射，甚至从界面反射回来的冲击波遇到复合板连接界面时还会发生二次反射，直至能量衰减为零。在图 3-21 所示的理论模型中，本研究为了简化冲击波在传播过程中的作用，忽略了二次反射现象。

如图 3-21a 所示，在爆炸焊接复合板连接界面的碰撞点，基板和覆板承受的载荷作用力为以碰撞点为中心，向周围辐射的同心圆；该作用力在材料内部传播过程中，呈逐步衰减趋势；当作用载荷碰到基板与覆板边界时会形成反射，该部分作用力与碰撞点辐射的作用力会二次叠加，导致一侧金属板内部承受作用力，如图 3-21b 所示。金属板材内部，在作用力集中的区域，当材料的塑性变形能力较差时，只会在局部区域变形，导致材料局部区域的应力集中、温度升高，因此在应力波叠加区域为 ASB 形成区域，如图 3-21c 所示。

图 3-22 所示为镁/铝合金爆炸焊接复合板连接界面处的 EBSD 图。镁合金侧组织为细小的再结晶晶粒，晶粒尺寸分布不均匀。细晶组织分布按图 3-22 中白色虚线分布，与绝热剪切带组织的 OM 形貌图对比分析，不难发现：镁合金侧近界面处的组织为细小的再结晶晶粒，且细小的晶粒分布集中区域对应绝热剪切带内的组织。此外，图 3-22 所示的组织形貌图也可以很好地验证图 3-21 所示的 ASB 组织形成的理论模型。

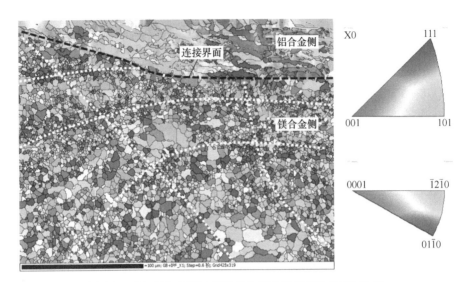

图 3-22　镁/铝合金爆炸焊接复合板连接界面处的 EBSD 图

（2）剪切带内的再结晶　对镁合金侧靠近界面处绝热剪切带区域局部放大进行 EBSD 表征分析，得到如图 3-23 所示的 EBSD 图。

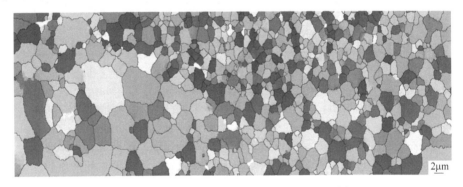

图 3-23　绝热剪切带区域局部放大的 EBSD 图

如图 3-23 所示，对绝热剪切带内组织形貌图的局部放大图可进一步发现：ASB 内的组织为细小的等轴晶晶粒，剪切带周围的晶粒为较中心区域晶粒尺寸长大的等轴晶组织。其中，剪切带中心区域的平均晶粒尺寸约为 $2\mu m$。

进一步对图 3-23 所示绝热剪切带区域的局部晶粒取向信息和再结晶晶粒分布信息绘制如图 3-24a 所示的晶粒取向图和图 3-24b 所示的再结晶晶粒和亚晶晶粒的分布比例图。由图 3-24a 可知，绝热剪切带区的相邻晶粒取向分布在 1° 以内，即均为小角度晶界。由图 3-24b 可知，绝热剪切带区域的亚晶晶粒分布所占比例达到 77%，再结晶晶粒的分布比例约为 23%。

由此可推断，镁合金侧绝热剪切带区域的再结晶过程可由图 3-25 所示的显微组织演变过程表示。

由图 3-25 可见，绝热剪切带区域在变形作用下位错无序分布（图 3-25a），此时属高能量分布，即不稳定结构；随着变形的发展和位错的运动，这种结构会以一种形成拉长网络的

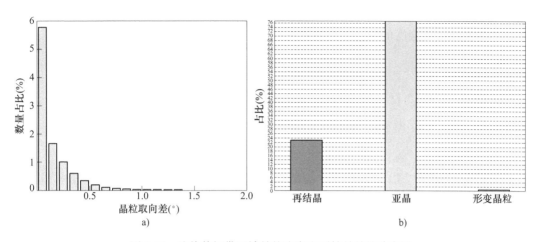

图 3-24　绝热剪切带区域晶粒取向和再结晶晶粒分布图

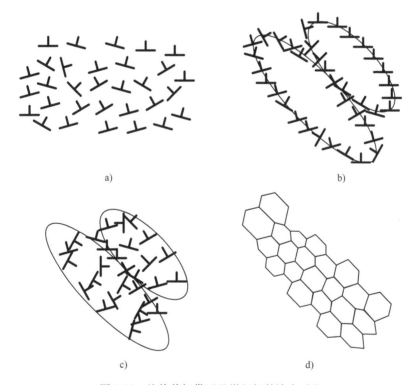

图 3-25　绝热剪切带区显微组织的演变过程

方式降低系统的能量（图 3-25b）；随着变形的继续发展和位错的增加，位错运动形成亚晶界（图 3-25c）；随着亚晶界的运动，拉长的亚晶最终分解演变为近似等轴的细晶粒（图 3-25d）。

绝热剪切带区域晶粒细化的原因主要是动态再结晶的发生。这是因为在爆炸焊接高速冲击力的作用下，材料内部会发生极大的塑性变形，导致局部区域的温度升高，同时由于爆炸焊接过程的瞬时性，局部升高的温度来不及扩散。这部分能量远大于材料动态再结晶所需要的驱动力。

绝热剪切带内的温度的理论计算公式为:

$$T = T_0 + 0.9 \frac{W_P}{\rho c_V} \tag{3-2}$$

式中:T_0 为室温;c_V 为材料的比热容,AZ31B 镁合金的比热容为 101J/(kg·℃);ρ 为材料的密度,AZ31B 镁合金的密度为 $1.73×10^3$kg/m^3;W_P 为形变比功,可表示为:

$$W_P = \int \sigma \mathrm{d}\varepsilon \tag{3-3}$$

查阅相关文献[33],以 AZ31B 镁合金的压缩试验得到的应力-应变曲线来估算 AZ31B 镁合金的形变比功约为 $22×10^6$J/m^3。

根据式(3-2),可计算得出绝热剪切带内的温升为 634.6K。

由于金属材料中恢复和再结晶启动温度 T 的计算公式为[34,35]:

$$T = (0.4 \sim 0.5) T_m \tag{3-4}$$

式中:T_m 为材料的熔点,AZ31B 镁合金的熔点为 923K。

因此,AZ31B 镁合金发生再结晶的温度为 369~461K。对比剪切带内的温升远大于 AZ31B 镁合金发生动态再结晶的驱动力,所以该理论可以很好地解释 ASB 内晶粒细化的原因,同时与绝热剪切带区的 EBSD 试验结果吻合。

镁合金侧 ASB 组织发生再结晶导致晶粒细化过程可归结为以下三个阶段:

1)材料的断续滑移。AZ31B 镁合金为密排六方晶体结构(HCP),室温下只有 3 个滑移系,塑性变形能力较差。在爆轰波冲击力作用下,当受到的载荷作用达到材料的屈服极限时,首先以晶内出现孪晶和滑移变形为主。

2)材料的宏观变形。随着作用载荷的继续增大,晶界处的滑移和交滑移联合作用,与此同时,也会导致局部变形区域位错密度的增大及亚结构的产生。

3)再结晶晶粒细化。随着爆炸冲击载荷的持续增大,ASB 内局部区域应力集中、局部温度升高,导致中心部位动态再结晶的发生,进而使得 ASB 内组织呈现细小的再结晶晶粒[36-38]。

3.5.3 绝热剪切带的影响因素

普遍认为,ASB 有两种,一种是应变高度集中的、晶粒和组织剧烈拉长甚至碎化的形变带,这种形变带易发生再结晶,进而导致软化的发生;另一种是发生相变形成微晶或纳米结构的相变带。由于镁合金在大变形或高温冲击作用下,不易发生相变,相反易发生再结晶。因此,本节所研究的镁合金侧出现的 ASB 应该是前者,是应变集中的区域。

对于镁/铝合金爆炸焊复合板,只在镁合金侧形成绝热剪切带组织,在铝合金侧没有形成的原因可归纳为以下两点:

(1)镁合金侧更容易形成 ASB 形成所需的绝热环境 该理论也可根据式(3-5)解释。

$$c_V \rho \frac{\partial T}{\partial t} = \tau_{ij}\gamma_{ij} - k\frac{\partial^2 T}{\partial x^2} \tag{3-5}$$

式中:τ_{ij} 为等效剪切应力;$\tau_{ij}\gamma_{ij}$ 为塑性剪切变形能;$k(\partial^2 T/\partial x^2)$ 为热传导散热引起的耗散能;c_V,ρ,T,k,t 分别为材料的比热容、密度、温度、热传导及时间。

针对本书研究的镁/铝合金爆炸焊接复合板，由于覆板 6061 铝合金的散热系数 k_{Al} 为 100W/(m·K)，而基板 AZ31B 镁合金的散射系数 k_{Mg} 为 54W/(m·K)，且覆板 6061 铝合金的板材厚度为 3mm，而基板 AZ31B 镁合金的板材厚度为 15mm。因此，镁合金侧更容易形成绝热剪切带的形成条件，即绝热环境。

（2）镁合金和铝合金晶体结构的不同　由于基板 AZ31B 镁合金为密排六方晶体结构，只有 3 个独立的滑移系；而覆板 6061 铝合金为面心立方晶体结构，有 12 个滑移系，因此，在爆炸焊接复合板连接界面处，在剪切应力作用下，铝合金由于塑性变形能力好，更容易发生整体塑性变形；而镁合金则由于塑性变形能力差，只能发生局部塑性变形。同为密排六方晶体结构的金属钛在大塑性变形作用下也发现了类似的结论。Yang 等[30] 在钛/钢爆炸焊接复合板的研究中发现，在钛板侧出现了 ASB 组织，而钢板侧未出现；Xu 等[39] 对动态塑性变形（DPD）条件下钛板在高应变速率区域内形成了 ASB 组织；Chu 等[6] 对钛/钢的爆炸焊接复合板的钛侧也发现了 ASB 组织；Yan 等[16] 通过对 7075/AZ31 爆炸焊接复合板研究发现，AZ31 镁合金侧形成了 ASB 组织，而 7075 铝合金侧未出现。

此外，在同一材料中，形成绝热剪切带的长度、宽度与爆炸焊接过程中选择的焊接参数有关。图 3-26 所示为本研究中的镁/铝合金复合板不同尺寸的连接界面形貌下，对应镁合金侧出现的绝热剪切组织的形貌特征。

图 3-26　镁/铝合金复合板不同尺寸连接界面出现的绝热剪切组织形貌
a）平直界面　b）微波界面　c）小波形界面　d）大波形界面

对比图 3-26 所示的镁/铝合金爆炸焊接复合板四种典型连接界面处的显微组织形貌图，不难发现：当复合板连接界面为平直界面时，镁合金侧出现了少量的绝热剪切带组织，且绝热剪切带的长度较短；随着波形界面尺寸的增大，绝热剪切带组织的密度和长度均增大。造成这一现象的原因是爆炸焊接能量不同，波形界面从平直界面向大波界面过渡，镁合金侧受到的冲击载荷作用力增大，材料的局部塑性变形区增大，形成的绝热剪切带组织的密度和向基体内部延伸长度增大。郑远谋[24]在大量实践工作的基础上发现，对于强度高而塑性低的材料，容易形成绝热剪切带组织，且绝热剪切带组织往往是伴随爆炸焊接过程产生的，在复合板雷管附近未连接区（即没有焊上的部位）是不存在绝热剪切带组织的。因此，通过控制焊接参数可有效控制基板镁合金侧形成的绝热剪切带的密度、宽度和长度。它是镁/铝合金复合板中的一种普遍现象，是完全不可避免的。这与镁合金材料本身的硬度和强度有关。

由于绝热剪切带的形成是在高压和高速的爆轰载荷作用下，在材料内部发生的局部塑性变形呈现出的一种特殊组织结构。因此，有文献指出绝热剪切带是高速变形形成的一种在狭长体积内组织极不均匀、甚至含有裂纹的缺陷，是一种动态破坏，是高速变形中的一种材料达到失稳状态时的剪切变形特征[13,32]。消除爆炸焊接过程中形成的绝热剪切带的方法是后续退火，使镁合金材料发生完全再结晶[40-42]。

3.5.4 绝热剪切带的微纳力学行为

以镁/铝合金复合板小波连接界面处镁合金侧的绝热剪切带为例，分别对绝热剪切带带内和带外的力学性能进行表征和分析。纳米压痕的测试区域为分别沿着绝热剪切带带内中心位置和带外区域随机取点；试验用压头为玻氏压头，试验最大加载载荷为 20mN，加载时间为 15s，保载时间为 10s。试验后得到的绝热剪切带区域的力学性能结果如图 3-27 所示，其中，图 3-27a 所示为载荷-位移曲线，图 3-27b 为试验后的压痕形貌图，图 3-27c 所示为硬度分布，图 3-27d 所示为模量分布。

由图 3-27a 可见，当加载到最大载荷 20mN 时，绝热剪切带带内 A 区域的平均最大加载位移为 550nm，带外 B 区域的平均最大加载位移为 700nm，该结果也表明绝热剪切带带内的硬度值高于带外的硬度值。由图 3-27b 可见，绝热剪切带带内 A 区域的压痕尺寸明显小于带外 B 区域的压痕尺寸。由图 3-27c 可见，绝热剪切带带内的平均硬度值为 1.22GPa，高于带外区域的平均硬度值（0.87GPa）。由图 3-27d 可见，绝热剪切带带内和带外的平均模量值分别为 54.00GPa 和 48.32GPa。

对于镁/铝合金爆炸复合板镁合金侧出现的绝热剪切带组织，带内和带外区域的微纳力学性能结果的分析也进一步证实了显微组织分析及绝热剪切带形成原因的理论模型建立的正确性，EBSD 试验结果表明：绝热剪切带的带内区为受到爆炸冲击载荷作用下，导致温升发生动态再结晶晶粒细化的区域；而绝热剪切带的带外为小变形区，甚至是未变形区。该区域的微纳力学性能测试结果也表明了绝热剪切带带内区是在爆炸焊接冲击冲击作用下，材料发生的局部塑性变形区。

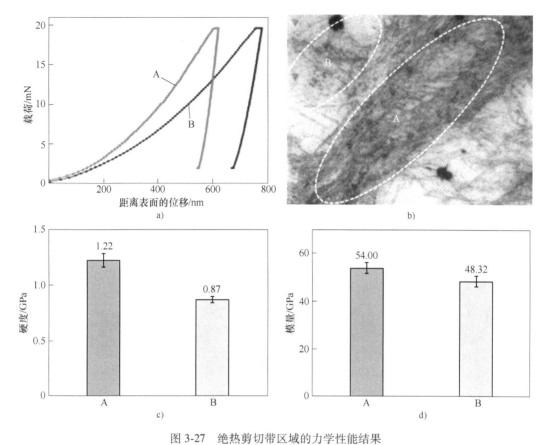

图 3-27　绝热剪切带区域的力学性能结果

a）载荷-位移曲线　b）压痕形貌图　c）硬度分布图　d）模量分布图

3.6　近界面基体组织演变特征

3.6.1　镁合金侧近界面组织演变

为了分析在爆轰波冲击力作用下，基板 AZ31B 镁合金的组织演变特征，本节分别采用金相显微镜（OM）、电子背散射衍射仪（EBSD）及透射电子显微镜（TEM）对不同尺度下的镁合金侧微观组织特征进行综合表征和分析。

（1）金相组织观察分析　在镁/铝合金爆炸焊接复合板连接界面处截取金相试样，经机械打磨、抛光、腐蚀（镁合金侧的腐蚀剂配方为：苦味酸 5.5g+蒸馏水 10mL+无水乙醇 90mL+乙酸 5mL），在 Leica DM2500 金相显微镜下观察、分析微观组织形貌特征。

图 3-28 所示为 OM 观察得到的镁/铝合金爆炸焊接复合板镁合金侧典型微观形貌图。由图 3-28a 可知，靠近镁/铝合金复合板连接界面处的镁合金侧出现了规则地、与界面夹角近似成 45°方向的条带状组织形貌，这种条带状组织结构通常被称为绝热剪切带（adiabatic shear band，ASB），每一组绝热剪切带组织起始于镁/铝合金复合板连接界面，随着距离复合板连接界面距离的增大而逐渐消失。对近界面处镁合金侧组织进一步局部放大观察和分

析，得到图 3-28b 和 c 所示的结果。

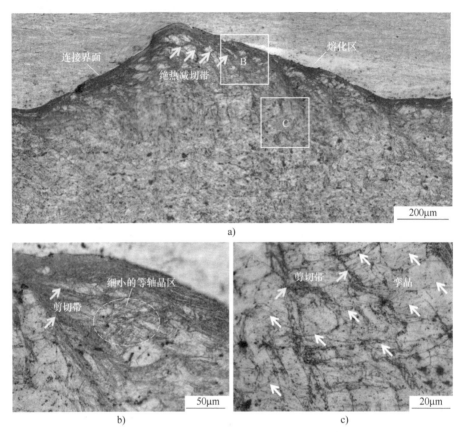

图 3-28　OM 观察得到的镁/铝合金爆炸焊接复合板镁合金侧典型微观形貌图
a）整体形貌图　b）近界面处形貌图　c）远离界面处形貌图

由图 3-28b 可知，镁合金侧原始规则的多边形晶粒形貌基本消失，出现了大量、密集的绝热剪切带组织，绝热剪切带组织内部组织形貌为规则、细小的等轴晶组织。这主要是由于镁合金侧靠近连接界面处能量高，塑性变形程度大，且绝热剪切带内能量高，变形的镁合金晶粒发生动态再结晶形成了细小的等轴晶晶粒组织[36-38]。由图 3-28c 可知，镁合金晶粒内部出现大量的孪晶结构。这主要是因为随着距离复合板连接界面处距离的增大，能量及塑性变形程度均减小，镁合金材料的塑性变形程度随之减小，而镁合金的主要塑性变形形式是以孪晶变形为主。

（2）电子背散射衍射表征分析　为了进一步表征镁合金侧在距离复合板连接界面不同位置处微观组织的演变特征，本节采用 EBSD 表征技术对距离连接界面不同位置处，选区表征微观组织结构（测试区域分别对应图 3-13 中的 B、C 和 D 区域），分别得到如图 3-29 ~ 图 3-31 所示的结果。

由图 3-29 可知，镁合金侧近界面处的组织结构以规则的等轴晶组织为主，越靠近界面处的晶粒尺寸越细小（图 3-29a 和 b）；图 3-29c 用不同颜色对该区域内的再结晶晶粒、亚晶晶粒及变形晶粒进行标记、统计与分析，该区域内再结晶晶粒比例约占 74%，亚晶晶粒及变形晶粒比例分别占 12% 和 14%。

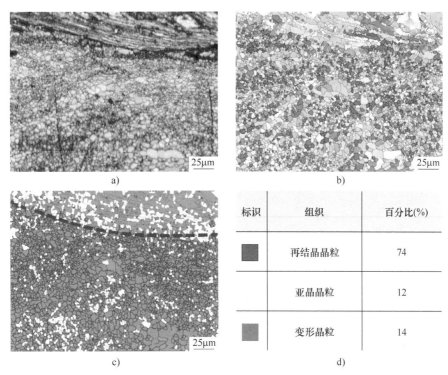

图 3-29　镁合金侧近界面处 EBSD 图（对应图 3-13 中的 B 区域）

a）母材图　b）反极图　c）变形晶粒统计分布图　d）变形晶粒统计百分比

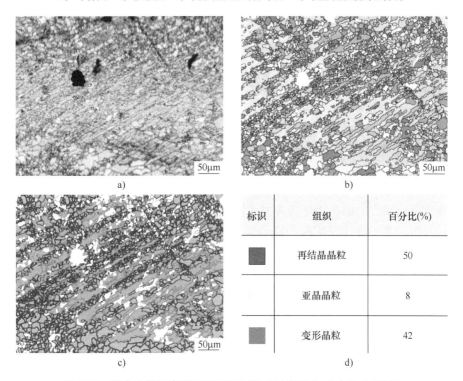

图 3-30　镁合金侧远离界面处 EBSD 图（对应图 3-13 中的 C 区域）

a）母材图　b）反极图　c）变形晶粒统计分布图　d）变形晶粒统计百分比

由图 3-30 可知，在镁合金侧远离界面处组织结构以剪切变形带为主，且剪切带内为细小的再结晶晶粒（图 3-30a 和 b）；图 3-30c 用不同颜色对该区域内的再结晶晶粒、亚晶晶粒及变形晶粒进行了标记、统计与分析，该区域内再结晶晶粒比例约占 50%，亚晶晶粒及变形晶粒比例分别占 8% 和 42%。

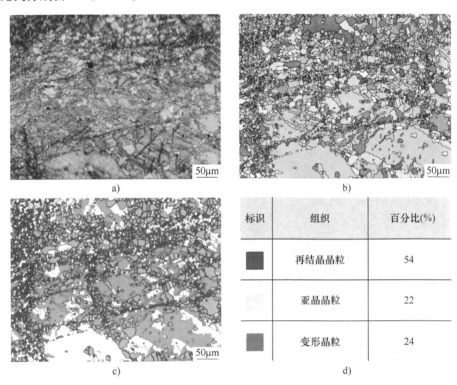

<table>
<tr><th>标识</th><th>组织</th><th>百分比(%)</th></tr>
<tr><td>■</td><td>再结晶晶粒</td><td>54</td></tr>
<tr><td>□</td><td>亚晶晶粒</td><td>22</td></tr>
<tr><td>■</td><td>变形晶粒</td><td>24</td></tr>
</table>

图 3-31　镁合金侧远离界面处 EBSD 图（对应图 3-13 中的 D 区域）
a）母材图　b）反极图　c）变形晶粒统计分布图　d）变形晶粒统计百分比

由图 3-31 可知，靠近镁合金小变形区的基体组织为较大的规则晶粒，且形成了部分交叉的变形剪切带组织，剪切带内同样为细小的再结晶晶粒（图 3-31a 和 b）；图 3-31c 为用不同颜色对该区域内的再结晶晶粒、亚晶晶粒及变形晶粒进行了标记、统计与分析，该区域内再结晶晶粒比例约占 54%，亚晶晶粒及变形晶粒比例分别占 22% 和 24%。

进一步对基板镁合金侧距离连接界面不同位置处，即不同变形区的微观组织晶粒的孪晶界进行统计分析，并与爆炸焊接前的镁合金原始组织进行对比分析，得到如图 3-32 所示的结果。

由图 3-32 可知，原始镁合金组织（图 3-32d）晶界处主要分布有均匀的 {10-11} 压缩孪晶，这是由于原始镁合金组织为轧制态过程中保留了少量、均匀的孪晶；在远离复合板连接界面的变形区与原始镁合金组织的未变形区交界处（图 3-32c），镁合金组织出现了剪切带区，同时保留了大量的 {10$\bar{1}$2}、{10$\bar{1}$1} 和 {10$\bar{1}$1}-{10$\bar{1}$2} 双孪晶；随着距离复合板连接界面距离的减小（图 3-32b），即变形程度增大的区域，镁合金组织出现了大量的剪切带区，剪切带区晶粒细小，同时在剪切带间保留了大量的 {10$\bar{1}$1} 压缩孪晶；在连接界面近界面（图 3-32a）区域，镁合金晶粒呈现细小的再结晶晶粒，孪晶界的数量减少。这主要是由于

标识	孪晶类型	晶粒取向差/轴
━━━━	{10$\bar{1}$2}	86°<11$\bar{2}$0>±5°
────	{10$\bar{1}$1}	56°<11$\bar{2}$0>±5°
━━━━	{10$\bar{1}$1}-{10$\bar{1}$2}	38°<11$\bar{2}$0>±5°

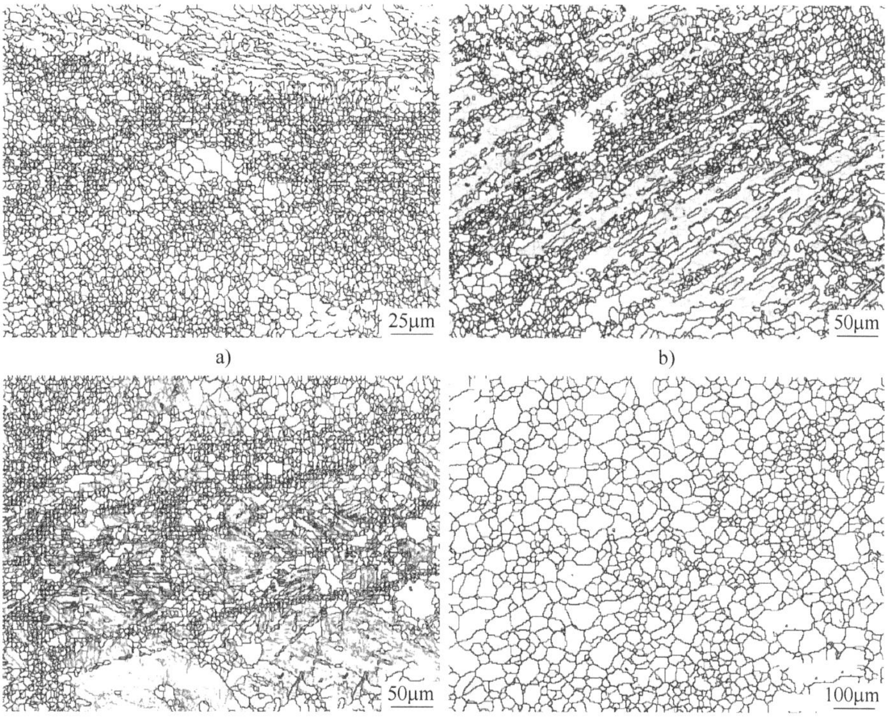

图 3-32　镁合金侧距离界面不同位置处的孪晶界分布

a）近界面处　b）远离界面处　c）与基体交界区　d）原始镁合金组织

该区域的塑性变形程度最大，为能量集中区域，导致了再结晶的发生，同时再结晶过程是能量释放的过程。

图 3-33 所示为镁合金侧距离连接界面不同位置处的晶粒取向差分布，与镁合金的随机晶粒取向差对比，图 3-34 为对应各区域的极图。

由图 3-33 可知，近界面处（图 3-33a）的大变形区，小角晶界比例减小，逐渐向大角晶界转变；远离界面处的小变形区（图 3-33b 和 c），镁合金晶粒主要以小角晶界为主，且出现了明显的 56°方向的压缩孪晶；爆炸焊接前的原始镁合金组织（图 3-33d）主要呈小角晶界。镁合金侧随着距离连接界面不同距离呈不同的晶粒取向差分布，这主要是由于连接界面附近塑性变形程度最大，随着距离界面位移的增大，能量减小，镁合金的再结晶程度减小，而变形晶粒比例增大；镁合金的塑性变形表现为孪晶变形和位错密度的增加。

由图 3-34 可知，镁合金侧近界面处向镁合金侧过渡的各变形区域，对应的极密度分别

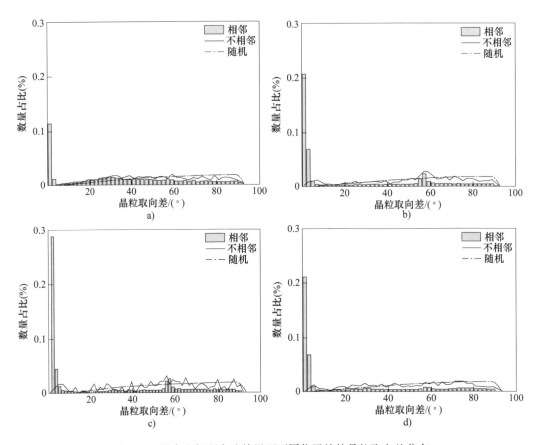

图 3-33　镁合金侧距离连接界面不同位置处的晶粒取向差分布
a）近界面处　b）远离界面处　c）与基体交界处　d）原始镁合金组织

为 7.73、37.28、31.81 和 17.31。这一结果同样证实了镁合金侧越靠近连接界面处，镁合金呈现出塑性变形的能力越大；连接界面近界面处的极密度值最低，主要是由于该区域发生的再结晶程度最大而释放了能量。

（3）透射电子显微镜表征分析　为了进一步分析镁合金侧微区内的微观结构特征，本节对近界面处镁合金组织的微观形貌进行了 TEM 表征分析，图 3-35 所示为镁合金侧近界面处的 TEM 图。

由图 3-35 可知，镁合金侧靠近界面处的组织结构主要为细小动态再结晶的等轴晶组织，平均晶粒尺寸约为 300nm（图 3-35a）；对远离界面处的镁合金侧组织形貌分析，得到如图 3-35c 和 d 所示的结果。由图 3-35c 可知，镁合金晶粒晶界处出现了大量的高密度位错。由图 3-35d 可知，镁合金侧在爆炸焊接冲击力的作用下，出现了典型的孪晶结构。

综上，可得出在爆炸焊接冲击载荷作用下，不同变形区镁合金侧组织演变过程的示意图，如图 3-36 所示。

由图 3-36 可知，在镁合金侧近界面处（图 3-36 中 b 处）；该区域的晶粒取向差由小角晶界向大角晶界转变，同时释放部分能量。随着距离连接界面位移的增大，基体镁合金的有效塑性变形程度减小，该区域比近界面区的组织形貌差别主要体现在：组织形貌主要呈现变形剪切带，且出现大量的孪晶与孪晶交叉、孪晶与位错缠结区；该区域的晶粒取向差以小角

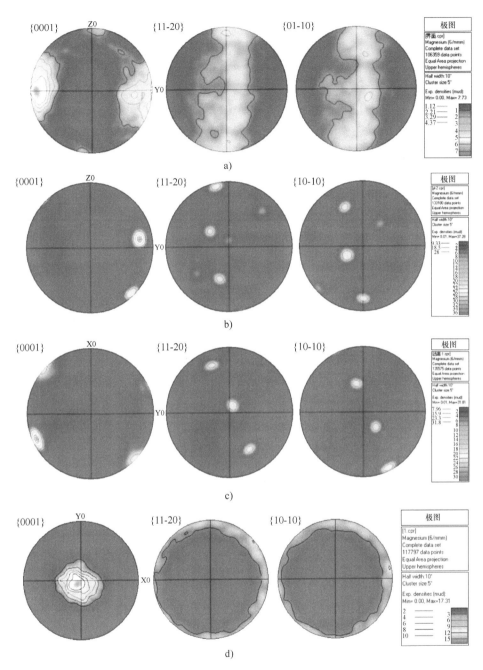

图 3-34 镁合金侧距离界面不同位置处的极图
a）近界面处 b）远离界面处 c）与基体交界处 d）原始镁合金组织

晶界为主。随着距离连接界面的位移继续增大，即基体镁合金的有效塑性变形程度较小的区域，组织形貌特征呈现为以位错运动的滑移和孪晶组织为主，局部大变形区可能形成剪切带区；该区域的晶粒取向差以小角晶界为主。

镁合金侧距离连接界面不同位置处发生的组织演变具有不同的特征，其原因可归纳为：靠近复合板连接界面处的能量高、发生再结晶程度大，即该区域能够提供充足的动态再结晶

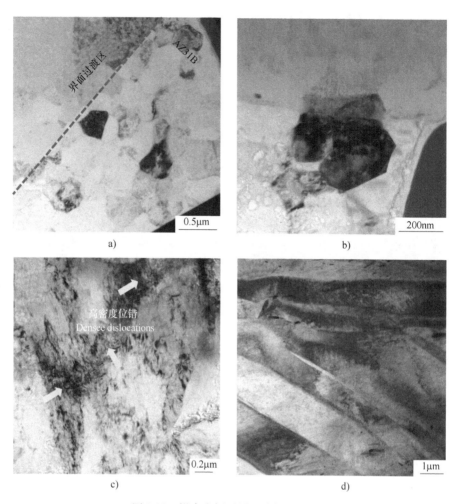

图 3-35　镁合金侧近界面处的 TEM 图
a）界面处　b）局部放大图　c）高密度位错　d）孪晶结构

驱动力，使得再结晶充分发生，变形晶粒转变为细小的等轴晶组织[43-45]；随着距离界面的位移增大，能量逐渐减小，镁合金的变形减小，再结晶驱动力减小，镁合金组织转变为剪切带；随着距离界面的位移继续增大，塑性变形程度逐渐减小，剪切带的比例减少，同时镁合金组织呈现孪晶和小角晶界比例增大。在镁合金变形中，86°方向的 {10-12} 拉伸孪晶较为普遍，而 {10-11} - {10-12} 双孪晶和 {10-11} 压缩孪晶的形成多是在小角晶界向大角晶界转变及再结晶的过程中[46,47]。

　　基于此，可进一步推断不同冲击载荷作用下制备的镁/铝合金复合板连接界面组织的演变规律：近界面处镁合金随着冲击载荷的不同，有效塑性变形区也不同；但是随着距离连接界面的相对位置（即不同变形区）对应的组织演变特征规律是一致的。

　　对比分析镁/铝合金爆炸焊接复合板连接界面两侧组织的不同演变特征规律，分析导致其组织演变特征不同的原因可以归纳为以下几点：

　　1）距离复合板连接界面不同位置处组织演变的不同变化主要是能量和塑性变形程度的差异。复合板连接界面处的能量最高，随着距离连接界面位移的增大，能量和塑性变形程度

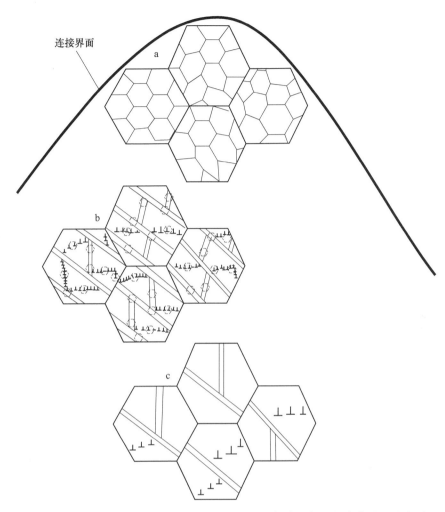

连接界面

图 3-36 爆炸焊接冲击载荷作用下，不同变形区镁合金侧组织演变过程示意图

均呈递减趋势[13,24]。

关于这一原因，由镁/铝合金爆炸焊接复合板的 ANSYS 模拟结果可以证明。图 3-37a 和 b 所示分别为镁/铝合金爆炸焊接复合板连接界面两侧温度及有效应变区分布图。

由图 3-37a 可知，复合板连接界面处温度最高，随着距离连接界面位移的增大，铝合金和镁合金的温度均降低，且铝合金侧的散热速度大于镁合金侧。因此，在镁合金侧的温度分布更容易满足绝热环境，影响了绝热剪切带组织的形成。

由图 3-37b 可知，复合板连接界面处有效塑性变形程度最大，随着距离连接界面位移的增大，铝合金和镁合金的有效塑性变形程度均减小，这主要是由于波形界面的形成导致的，在波形界面处的变形程度最大。

2）覆板 6061 铝合金与基板 AZ31B 镁合金材料晶体结构的差异。试验用覆板 6061 铝合金为面心立方晶体结构（FCC），室温下有 12 个滑移系；而基板 AZ31B 镁合金为密排六方晶体结构（HCP），室温下只有 3 个独立滑移系。因此，在爆炸焊接冲击力作用下，复合板近界面区铝合金侧比镁合金侧更容易发生塑性变形，铝合金侧呈现以拉长的晶粒为主的组织

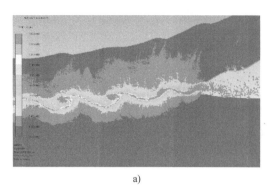

a） b）

图 3-37　镁/铝合金爆炸焊接复合板连接界面两侧温度及有效应变区分布图
a）温度场分布　b）有效应变场分布

特征；而镁合金侧的组织只在应力集中的区域发生局部塑性变形。

3）覆板 6061 铝合金与基板 AZ31B 镁合金材料物理性能的差异。覆板 6061 铝合金的散热系数为 100W/（m·K），基板 AZ31B 镁合金的散热系数为 54W/（m·K）；同时，覆板 6061 铝合金的厚度为 3mm，而基板 AZ31B 镁合金的厚度为 15mm。因此，在镁/铝合金爆炸焊接复合板连接界面处，铝合金侧的散热速度大于镁合金侧，因此镁合金侧的温度分布更容易满足绝热剪切带组织形成的温度条件。

3.6.2　铝合金侧近界面组织演变

为了进一步表征和分析镁/铝合金复合板连接界面近界面处的组织演变规律，考虑覆板 6061 铝合金与基板 AZ31B 镁合金的耐蚀性差异较大，故很难利用金相腐蚀剂同时对基板和覆板进行金相腐蚀观察。因此提出以 EBSD 技术同时表征覆板 6061 铝合金、基板 AZ31B 镁合金及连接界面处的组织演变特征。

EBSD 试验测试试样的制备方法为：线切割切取尺寸约为 10mm ×10mm ×5mm 金相试样；打磨、机械抛光处理后，再对试样待测试表面进行离子刻蚀。EBSD 试验时，设备的扫描电压为 20kV，束流为 18nA，倾斜角度为 70°，工作距离为 15mm，试验步长为 1.0。EBSD 试验后，采用 Channel 5 软件对实验数据进行处理和分析，主要对晶粒取向、变形晶粒、再结晶晶粒、亚晶结构、取向差等进行统计分析。其中，将相邻晶粒的位相差在 2°~15° 之间的定义为小角度晶界，将相邻晶粒的位相差大于 15° 定义为大角度晶界。

（1）电子背散射衍射表征分析　制备 EBSD 试样，对铝合金侧组织分析得到如图 5-8 所示的近界面处组织形貌图（对应图 3-13 中的 A 区域）。

由图 3-38a 和 b 可知，在爆炸焊接冲击力作用下，铝合金侧近界面处组织结构特征为拉长的层状变形组织。爆炸焊接过程中，连接界面附近形成的典型拉长组织在其他金属的复合过程中也有类似的发现[48-50]，这种拉长的变形组织与轧制过程中形成的拉长变形组织也类似[51]。这一现象常出现在塑性变形能力好的金属材料中，如铝合金、奥氏体不锈钢和镍合金等。

由图 3-38c 和 d 可知，铝合金侧近界面处，原始铝合金组织由多边形晶粒转变为拉长的变形组织；变形区的宽度大约为 150μm；变形晶粒所占比例达 94.5%，再结晶晶粒所占比例约为 3.5%，亚晶结构所占比例约为 2%。

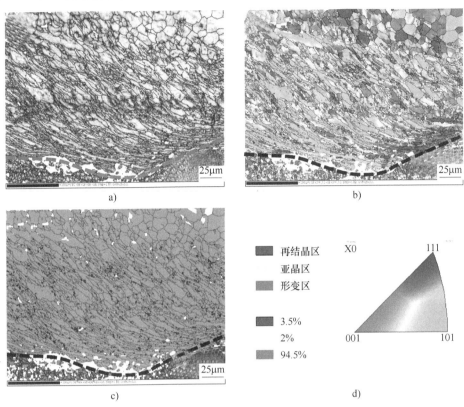

再结晶区
亚晶区
形变区

3.5%
2%
94.5%

图 3-38　铝合金侧近界面处 EBSD 图（对应图 3-13 中的 A 区域）

a）反极图　b）母材图　c）变形晶粒统计分布图　d）变形晶粒统计百分比

图 3-39 所示为铝合金侧近界面处 EBSD 反极图对应的极图。由图 3-39 可知，铝合金侧近界面处的织构为 {100}\<011\>的主织构和 {111}\<011\>弱体心织构。

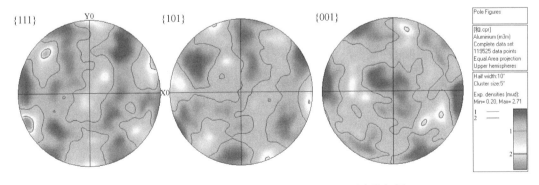

图 3-39　铝合金侧近界面处 EBSD 反极图对应的极图

（2）透射电子显微镜表征分析　对铝合金侧近界面处进行 TEM 微观组织形貌分析，得到图 3-40 所示的结果。

由图 3-40 可知，在爆轰波的作用下，铝合金侧的组织变形形貌特征以拉长的晶粒为主，

 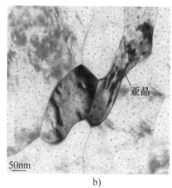 

图 3-40　铝合金侧近界面处的 TEM 图

a）界面处　b）局部放大图　c）亚晶组织结构

这与 EBSD 测试分析的结果一致；其次，对铝合金侧的变形晶粒局部放大，在拉长的晶粒内部及晶界处出现大量的高密度位错；在大变形的作用下，局部拉长的晶粒会形成一些亚晶组织结构。这主要是因为铝合金侧近界面处受到的冲击载荷作用大、能量集中，导致位错密度高和局部亚晶结构形成[19,52]。

3.7　复合板连接界面的接合机理

由镁/铝合金爆炸焊接连接界面的形貌特征分析发现，在爆轰波瞬时冲击载荷作用下，覆板铝合金与基板镁合金连接界面在宏观上呈典型的波形界面特征。然而，进一步探究镁/铝合金爆炸复合板连接界面在微观尺度下的连接机理，不仅有助于探索爆炸冲击载荷与复合板界面连接的内在联系；而且对预测镁/铝合金爆炸焊接复合板的力学性能及安全服役有重要的理论指导意义。

本节主要通过建立数值模型，探究微观尺度下镁/铝合金爆炸焊接连接界面的原子运动行为；探讨爆炸冲击载荷作用与连接界面处的压力分布、温度分布及有效塑性变形区的内在联系；聚焦离子束（FIB）和透射电子显微镜（TEM）技术相结合表征微观尺度下复合板连接界面的连接机理和组织特征；进一步综合探讨并揭示镁/铝合金复合板连接界面的微观连接机理。

3.7.1　复合板连接界面的扩散反应连接

尽管近年来爆炸焊接技术得到了很大的发展与完善，但是爆炸焊接复合板界面连接机理仍没有统一的认知。目前主要存在三种典型的理论：①爆炸焊接其实是一种特殊的扩散焊接，连接界面处达到了原子间结合实现连接；②爆炸焊接连接界面的结合其实是一种宏观的机械咬合，即材料发生宏观变形实现复合板的连接；③爆炸焊接其实是一种熔化焊连接，连接界面处出现了局部熔化区。针对这三种爆炸焊接连接界面结合机理的理论，本节分别从试验表征和数值模拟两方面探讨各自理论的合理性和适用性，探究瞬时冲击载荷作用下，镁/铝合金复合板连接界面的微观结合机理。

通过爆炸焊接实现的复合金属的连接，在连接界面处实现了两个金属表面上的几个原子层内形成等离子体，使得两侧金属表面建立起原子间的结合力，即固相连接[13,53-55]；关于爆炸焊接连接界面，在微观上呈固相连接，主要是以扩散焊和压力焊的结合机理解释连接界面。

关于爆炸焊接复合板连接界面的扩散焊接机理，各研究学者分别从试验表征和数值模拟的角度对该论点进行论证。试验方法主要是通过 EDS 对连接界面处的扩散行为进行测试[16,41,56]，研究发现：镁/铝合金连接界面处出现了厚度约为 3.5μm 的扩散层；从数值模拟的角度，采用分子动力学（MD）模型[57-60]对爆炸焊接复合板连接界面处的原子运动行为进行了计算，证实了爆炸焊接连接界面的结合机理更倾向于固相连接理论。

针对爆炸连接界面的扩散焊机理，本节以镁/铝合金爆炸焊接复合板波形界面为例，从试验和分子动力学模拟的角度进行了验证和探讨。采用的 MD 模型是 LAMMPS 软件包[61]。建立模型的铝和镁的嵌入合金原子势（EAM）初始条件借助了 M. I. Mendelev 等[62]拟合的结果。模拟主要分为初始化和爆炸焊模拟两个阶段。

图 3-41 所示为初始化时建立的镁/铝合金连接界面的 MD 模型。将两个独立的金属块体（18000 个 Al 原子和 12483 个 Mg 原子）放置在尺寸为 4.05nm×4.05nm×36.45nm 的盒子中；Al 块和 Mg 块的接触面设置为（0 01）和（0 0 0 1）面，块体之间用真空隔开作为自由面；X 轴和 Y 轴采用周期性边界条件，Z 轴的非撞击面固定 3 层原子作为过渡层；原子的初始速度服从麦克斯韦速率分布，原子的牛顿运动方程采用蛙跳法进行积分，整个模拟过程都采用 1fs 的时间步长；系统在 300K 和零外压的常温、常压系统（NPT）下达到平衡，完成初始化设置。

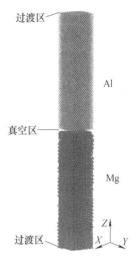

图 3-41　镁/铝合金连接界面的 MD 模型

参考实际爆炸焊过程，建立的 MD 模型分解为 3 个阶段[19]：加载阶段、卸载阶段和冷却阶段。具体实施过程为：①固定 Mg 块的过渡层，给 Al 块一个初速度，使之与 Mg 块发生碰撞，当 Al 块变到最短时，固定 Al 块的过渡层；②系统在微正则系综（NVE）下模拟 1ns 完成加载，且保持前一阶段的平衡温度，使系统在零外压的常温、常压系综（NPT）下，模拟 1ns 完成卸载阶段；③系统在零外压的常温、常压系统下（NPT），由平衡温度降温到 300K，模拟 1ns 完成冷却阶段。

图 3-42 所示为爆炸焊接过程中的动态试验参数。其中，v_p 为覆板与基板的碰撞速度，β 为动态弯折角，v_d 为炸药爆炸速度。

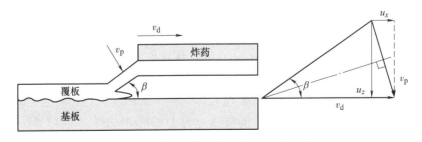

图 3-42　爆炸焊接过程中的动态试验参数

为了探讨不同焊接参数下连接界面的扩散行为，本节设置了多组试验参数。将 v_p 分解为沿炸药方向的横向速度 u_x 和垂直炸药方向的纵向速度 u_z，分别模拟不同纵向速度（u_z）、横向速度（u_x）和碰撞角（β）对界面原子扩散的影响，具体数值模拟参数见表 3-3。

表 3-2 数值模拟参数

序号	$u_x/(m/s)$	$u_z/(m/s)$	$\beta/(°)$
1	0	1700	0
2	0	1800	0
3	0	1900	0
4	0	2000	0
5	0	2100	0
6	0	2200	0
7	0	2300	0
8	0	2400	0
9	0	2500	0
10	0	2600	0
11	100	1800	3.18
12	200	1800	6.34
13	300	1800	9.46
14	400	1800	12.53
15	500	1800	15.52
16	600	1800	18.43
17	700	1800	21.25
18	800	1800	23.96
19	900	1800	26.57
20	1000	1800	29.05
21	174.31	1992.39	5
22	347.30	1969.62	10
23	517.64	1931.85	15
24	684.04	1879.39	20
25	845.24	1812.62	25
26	1000.00	1732.05	30

图 3-43 所示为 $u_x=1800m/s$、$u_z=800m/s$ 时，体系内温度和压力分布。在加载阶段，随着 Al 块向 Mg 块碰撞，Al 原子的动能转化为体系的内能，体系温度经过波动后在 100ps 左右达到动态平衡，平衡时的温度为 1100K 左右。同时体系的压力在加载开始也一直都在波动，在 100ps 左右后达到动态平衡，平衡时压力为 11.98GPa 左右。经过撞击，随着 Al 和 Mg 原子内能的提高，体系的温度升高并达到稳定，使得界面原子在高温下激活。同时在数 GPa 的压力作用下，界面的原子达到了很好的接触而易于键合。

为了进一步研究原子在各阶段是否发生了扩散，采用均方根位移（MSD）曲线来描述原子的运动状态。MSD 随时间增大时，原子发生扩散，否则原子振动。图 3-44 所示为 $u_x = 1800\text{m/s}$、$u_z = 800\text{m/s}$ 时，体系在各阶段的 MSD 曲线。在加载阶段，Al 和 Mg 的 MSD 曲线在波动后平行于时间轴趋于稳定，稳定值分别为 30nm^2 和 5nm^2。因此，Al 和 Mg 原子在加载阶段未发生扩散。此时，界面原子只是达到很好的接触形成键合，为扩散提供条件。

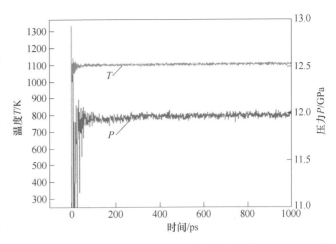

图 3-43　$u_x = 1800\text{m/s}$、$u_z = 800\text{m/s}$ 时，体系内温度和压力分布

在卸载阶段，Al 和 Mg 的 MSD 曲线随着时间线升高到了 34.65nm^2 和 17.92nm^2。这表明随着压力的卸载，Al 和 Mg 原子开始在界面互扩散。同时，在给定的速度条件下，Al 原子的扩散速率大于 Mg 原子的扩散速率。在冷却阶段，Al 和 Mg 的 MSD 曲线继续以原来的斜率在 2500ps 线性上升到 40.20nm^2 和 19.82nm^2，此后曲线平行于时间轴趋于稳定。这表明在零外压作用下，在一定的温度范围内，随着温度的降低，原子在界面继续互扩散。

综上所述，体系在加载阶段未发生明显的扩散，原子的扩散主要发生在卸载阶段和冷却阶段。

为了分析原子在不同的速度条件下的扩散行为，对不同加载速度条件下界面的原子运动行为进行提取。图 3-45 所示为卸载阶段开始 200ps 后，不同横向速度下的原子运动结果。其中，由图 3-45a 可知，当 $u_x = 100\text{m/s}$ 时，界面原子没有发生明显的扩散，在界面处，Al 块仍保持着 fcc 结构，而 Mg 块呈现出无序的状态。由图 3-45b 可知，当 $u_x = 400\text{m/s}$ 时，Al 原子和 Mg 原子已经发生了明显的互扩散。在界面处发生的扩散行为，在界面两侧呈不对称分布。该阶段的扩散行为主要是界面层附近的 Al 原子扩散到 Mg 块侧，只有少量的 Mg 原子扩散到 Al 块侧。由图 3-45c 可知，当 $u_x = 700\text{m/s}$ 时，Al 块也出现了无序结构，而且 Al 和 Mg 原子的扩散厚度相差不大。

这一现象主要是由于 Al 的熔点高于 Mg 的熔点，随着碰撞速度的增加，体系温度也随之升高；当温度超过 Mg 的熔点，而低于 Al 的熔点时，Mg 原子的键发生断裂，在 Mg 块侧产生很多的空位，然而 Al 原子依然保持原有的 fcc 结构，因此 Al 原子很容易扩散到 Mg 块中，而只有部分 Mg 原子扩散到 Al 块中；随着温度的进一步升高，Al 原子间键的连接能力变得越来越弱，Al 和 Mg 原子扩散厚度的差距变得越来越小；当体系温度超过了 Al 的熔点时，Al 和 Mg 原子的扩散厚度的差距，单纯通过模拟的原子运动结果很难区分。

通过 LAMMPS dump 文件提取 Mg-Al 原子的坐标信息，沿 Z 轴每隔 1nm 作为一个小区域，然后统计各区域 Mg-Al 原子各自占的比例，得到如图 3-46 所示的镁原子和铝原子在不同速度下沿 Z 方向的分布曲线。

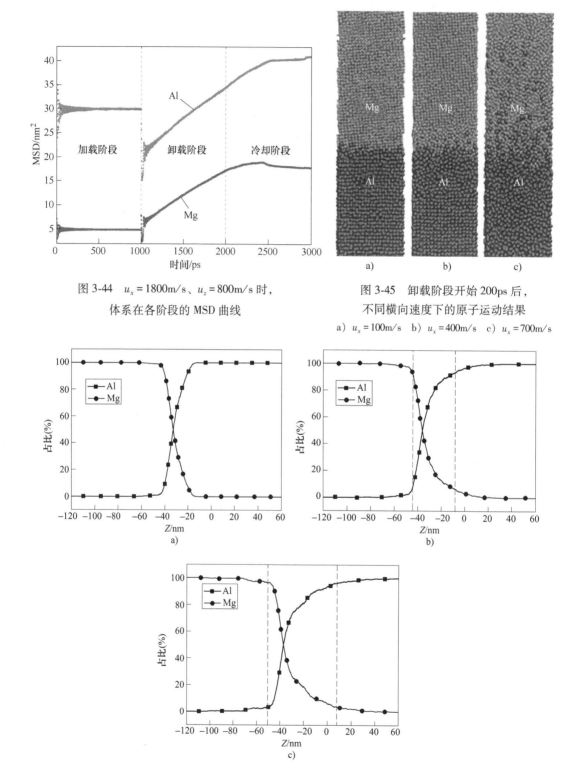

图 3-44 $u_x = 1800\mathrm{m/s}$、$u_z = 800\mathrm{m/s}$ 时，
体系在各阶段的 MSD 曲线

图 3-45 卸载阶段开始 200ps 后，
不同横向速度下的原子运动结果

a）$u_x = 100\mathrm{m/s}$ b）$u_x = 400\mathrm{m/s}$ c）$u_x = 700\mathrm{m/s}$

图 3-46 镁原子和铝原子在不同速度下沿 Z 方向的分布曲线（$u_z = 1800\mathrm{m/s}$）

a）$u_x = 100\mathrm{m/s}$ b）$u_x = 400\mathrm{m/s}$ c）$u_x = 800\mathrm{m/s}$

将界面两侧的 Al 和 Mg 原子浓度均超过 5% 的区域定义为扩散层,通过这一浓度分布曲线,就可以得到扩散层的厚度。由图 3-46 可推算出,当 $u_x = 100\text{m/s}$ 时,扩散层厚度约为 2.09 nm。随着速度的增加,扩散层的厚度也随之增加。当 $u_x = 400\text{m/s}$ 和 800m/s 时,扩散层厚度分别为 3.61nm 和 4.35nm。

图 3-47 所示为 Al 和 Mg 原子扩散系数和纵向速度的关系曲线。从图 3-47 中可以看出,撞击速度越快,原子扩散越明显。原子的扩散系数和撞击速度存在某种对应关系。当体系处于液态时,MSD 随时间呈线性关系,其斜率与原子的扩散系数满足爱因斯坦扩散方程,扩散系数 D 可以表示为:

$$D = \lim_{t \to \infty} \frac{1}{2Nt} \langle \, | \, r(t) - r(0) \, |^2 \, \rangle \tag{3-6}$$

式中,D 为扩散系数;t 为作用时间;$r(t)$ 为 t 时刻粒子所处的位置;$r(0)$ 为粒子初始位置;N 为维数,这里只考虑在 Z 方向上的扩散,因此 $N = 1$,即 MSD 曲线斜率的 1/2 就表示为扩散系数的大小。

在模拟中得到了卸载阶段在给定不同速度下的 MSD 曲线。由于速度较低时,MSD 曲线是一条类似加载阶段的水平直线,即该加载阶段内界面处发生的原子扩散行为可基本忽略不计,只需考虑卸载阶段及冷却阶段线性直线的 MSD 曲线斜率及扩散系数。

由图 3-47 可知,当 $u_z > 1900\text{m/s}$ 时,Al 和 Mg 原子均开始发生扩散,Al 原子的扩散系数大于 Mg 原子的扩散系数,且均随纵向速度的增大呈抛物线上升;当纵向速度较低时,

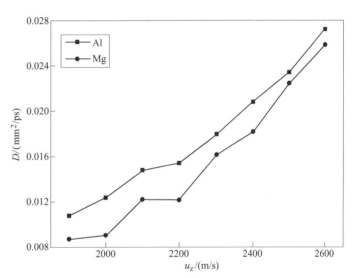

图 3-47　Al 和 Mg 原子扩散系数和纵向速度的关系曲线

Al 和 Mg 原子的扩散系数相差较大;但是随着速度的不断增大,两者的扩散系数越来越接近。其原因是:Al 的熔点高于 Mg 的熔点,即 Al—Al 键比 Mg—Mg 键连接能力强。当试验速度较低时,对应体系的温度也较低。当温度满足时,界面处镁原子的 Mg—Mg 键可能完全发生断裂时,而铝原子的 Al—Al 键尚不能完全断裂,以至于阻碍 Mg 原子向 Al 块的扩散。然而,随着温度不断升高,越来越多的 Al—Al 键也开始断裂,进而促进 Mg 原子向 Al 块的扩散,使得扩散系数越来越接近。

图 3-48 所示为纵向速度 $u_z = 1800\text{m/s}$ 时,Al 和 Mg 原子扩散系数和横向速度的关系曲线。由图 3-48 可知,当 $u_x > 400\text{m/s}$,Al 原子开始发生扩散;当 $u_x > 500\text{m/s}$ 时,Mg 原子开始发生扩散。Al 原子的扩散系数大于 Mg 原子的扩散系数,Al 和 Mg 原子均随着横向速度的增大而直线上升,且上升斜率相差不多。因此,横向速度的升高利于促进扩散的进行。Chen 等[58]研究发现,横向速度的存在导致了爆炸焊接的高速倾斜碰撞过程,有助于剪切变形产

生，由剪切变形导致的压缩变形会显著加速爆炸焊的过程。同时因剪切变形会使晶体结构发生破坏，故发生扩散所需的临界扩散激活能可以适当地减小。

为了探究碰撞角 β 对扩散行为的影响，本节在保证碰撞速度 v_p 不变（ $v_p = 2000\text{m/s}$ ）时， β 从 $0° \sim 45°$ 以 $5°$ 为间隔增加，对相应的原子扩散系数进行模拟计算，得到的结果如图3-49所示。随着碰撞角度的增加（即纵向速度减小而横向速度增大），Al 和 Mg 原子的扩散系数均呈上升趋势。这

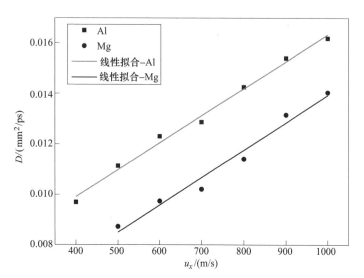

图3-48　纵向速度 $u_z = 1800\text{m/s}$ 时，Al 和 Mg 原子扩散系数和横向速度的关系曲线

表明适当增大碰撞角度利于界面原子的扩散运动。其中，当 β 在 $0° \sim 25°$ 变化时，Al 和 Mg 原子的扩散系数相差不大，且随着碰撞角 β 的增大而差值逐渐增大；当 $\beta > 25°$ 时，Al 和 Mg 原子的扩散系数迅速增加，且 Al 原子的扩散系数明显大于 Mg 原子的扩散系数，与此同时，随着碰撞角 β 的增加，其对应差值也越来越大。

宏观的扩散流是由大量原子无数次的微观跳动组合而成的。在绝热条件下，当体系达到平衡时，原子宏观扩散距离 R_n 的计算公式为：

$$R_n = \sum_{i = \text{Al,Mg}} \sqrt{2D_i t} \quad (3\text{-}7)$$

式中，D_i 为扩散系数；t 为扩散时间。

B. Wronka 等[19] 提出，在实际的爆炸焊接过程中，卸载阶段可以持续 $5 \sim 10\mu s$。由于计算水平的限制，MD 模型不适用于计算长时间内原子的运动行为。由于实际爆炸焊接过程中，体系温度降低很小，所以

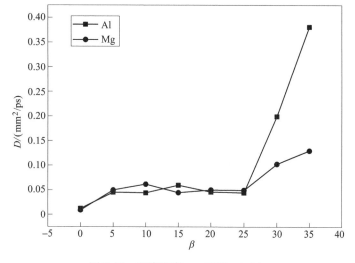

图3-49　碰撞速度 $v_p = 2000\text{m/s}$ 时，

Al 和 Mg 原子扩散系数与碰撞角度的关系

可以把卸载过程等效为绝热情况处理。由经典的扩散理论表明，在绝热条件下，扩散系数保持恒定。因此，尽管本节模拟只持续了1000ps，但得出的扩散系数规律同样可以预测实际爆炸焊复合板连接界面的扩散厚度。

为了证明式（3-7）的准确性，一方面从模拟的角度进行了验证。以 $u_z = 1800\mathrm{m/s}$、$u_x = 700\mathrm{m/s}$ 为例，根据式（3-7）计算每隔 100ps 扩散层的厚度；另一方面从 LAMMPS 的输出文件中提取原子坐标信息，计算每隔 100ps 扩散层的厚度。两种方法计算结果对比如图 3-50 所示，同样证实了模拟结果与式（3-7）吻合。

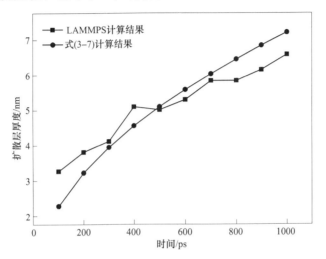

图 3-50　两种方法计算结果对比每隔 100ps 扩散层的厚度曲线

进一步对爆炸焊接试验制备的镁/铝合金复合板连接界面的原子扩散行为进行对比分析和研究，得到图 3-51 所示的 EDS 和 SEM 图。

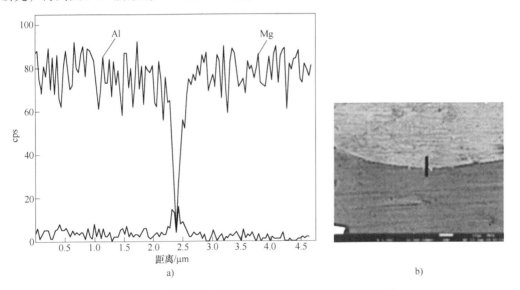

图 3-51　镁/铝合金复合板连接界面的 EDS 和 SEM 图
a) EDS 图　b) SEM 图

由图 3-51 可知，该连接界面的扩散厚度大约为 0.5μm。当试验参数 $v_d = 4300\mathrm{m/s}$、$\beta = 25°$ 时，由式（3-7）可得出对应的 $v_p = 2000\mathrm{m/s}$、$u_x = 1800$ 和 $u_z = 800$。进一步利用 MD 模拟的扩散系数和式（3-7），计算出宏观扩散层的厚度为 0.403μm（扩散时间为 5μs）~

0.570μm（扩散时间为10μs）。

综上所述，采用 MD 模型计算镁/铝合金复合板连接界面处原子的扩散行为，发现界面原子在加载阶段不发生扩散，扩散主要发生在卸载阶段和冷却阶段；Al 原子的扩散速率大于 Mg 原子的扩散速率，扩散系数均随碰撞速度的增大而增大，扩散系数随纵向速度呈抛物线上升，随着横向速度呈线性上升，且横向速度比纵向速度对促进原子扩散的作用更明显；扩散系数随碰撞角度的增加而增大，当碰撞角度在 0°～5°变化时，扩散系数随碰撞角度的增加缓慢增大；当碰撞角度在 5°～25°时，扩散系数变化不明显；当碰撞角度大于 25°时，扩散系数随碰撞角度的增加快速增大。通过 MD 模拟计算得出了 Mg 和 Al 原子的扩散系数，结合微观扩散理论推导出了宏观爆炸焊扩散层的厚度，并通过镁/铝合金爆炸焊试验得到了验证。

3.7.2　复合板连接界面的塑性形变啮合

爆炸焊接复合板连接界面的压力焊结合机理认为：爆炸焊接在瞬时冲击载荷的作用下，当复合板连接界面处承受剪切应力和有效塑性变形满足一定条件时，复合板发生塑性变形，实现界面连接。Wang 等建立 SPH 模型[7]证实了爆炸冲击作用下界面连接是一种固相连接，只有碰撞点基板和覆板承受的剪切应力呈相反的拉、压载荷，且大于临界剪切应力和临界塑性变形时，才可以实现连接界面的结合。其中，临界值与材料的固有属性相关，如屈服强度等。

为了对镁/铝合金爆炸焊接复合板出现的两种典型连接界面特征（即波形界面和漩涡结构的波形界面）的界面连接进行探究，通过对两组对应焊接参数下的复合板进行 ANSYS 建模，并对模拟结果的连接界面压力分布、剪切应力分布及有效塑性变形区分布情况进行对比分析。

图 3-52 所示分别为两组不同初始碰撞速度和碰撞角参数下得到的 ANSYS 数值模型（对应实际试验制备的微波界面和小波界面形貌特征）以及复合板连接界面在爆炸焊接过程中某一时刻的压力分布云图。

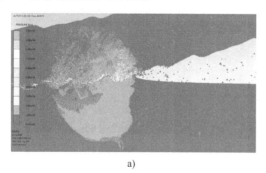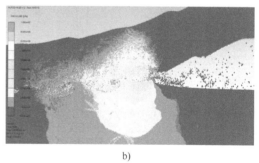

a)　　　　　　　　　　　　　　　　b)

图 3-52　ANSYS 数值模拟镁/铝合金连接界面的压力分布

由图 3-52 可知，在碰撞点处的压力值达到最大值，且图 3-52b 所示的最大压力值明显大于图 3-52a 所示的最大压力值。这主要是由于图 3-52b 所示镁/铝合金复合板爆炸焊接过程的能量值大。

对图 3-52 中镁/铝合金连接界面处绘制对应点的压力-时间曲线，得到图 3-53 所示的曲线。

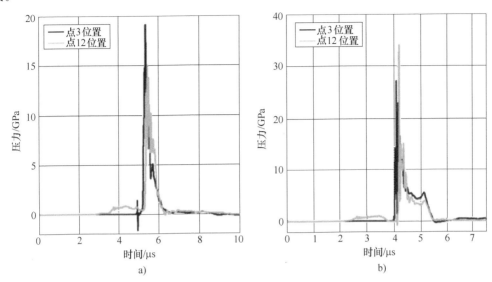

a)　　　　　　　　　　　　　　b)

图 3-53　镁/铝合金连接界面处的压力-时间曲线

由图 3-53a 可知,基板(对应点 3 位置)的压力值大于覆板(对应点 12 位置)的压力值,基板上的压力峰值达到了 19GPa,对应位置的覆板的压力峰值为 15GPa,且该压力峰值远超过基板镁合金和覆板铝合金的屈服强度值,分别是 0.19GPa 和 0.12GPa;由图 3-53b 可知,当爆炸焊接能量增大时,覆板和基板接接触面承受的压力值也明显增大,基板(对应点 3 位置)的压力峰值达到了 28GPa,对应位置的覆板在同一时刻达到的压力峰值为 35GPa。

参考文献[2,3,63]均提出,在爆炸焊接复合板连接界面结合区域的剪切应力值大于未结合区域的剪切应力值。因此,对复合板连接界面处的剪切应力分布情况进行对比分析,可以作为复合板连接界面是否结合的一个判据。图 3-54 所示分别为波形界面和漩涡结构的波形界面对应镁/铝合金复合板连接界面处的剪切应力分布云图。

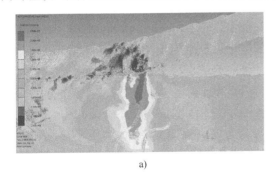
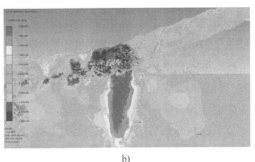

a)　　　　　　　　　　　　　　b)

图 3-54　ANSYS 数值模拟镁/铝合金连接界面的剪切应力分布云图

a)波形界面　b)漩涡结构的波形界面

由图 3-54 可知,在碰撞点处,基板镁合金承受的剪切力与对应覆板位置的剪切应力值方向相反。参考文献[64,65]提出,在复合板连接界面接触面剪切应力呈现相同方向的剪切应力时，复合板连接界面未结合，只有当基板和覆板承受相反方向的剪切应力时，才是实现复合板连接界面连接的必要条件之一。对比图 3-54a 和 b 可知，当爆炸焊接能量增大时，基板和覆板在连接界面处承受的剪切应力绝对值均增大。剪切应力值的增大直接影响基板和覆板的塑性变形程度，这也是导致对应镁/铝合金复合板连接界面的波长和波峰值增大的原因之一。

图 3-55 所示为波形界面和漩涡结构的波形界面对应镁/铝合金复合板连接界面处的有效塑性变形分布云图。由图 3-55 可知，镁/铝合金复合板连接界面处均出现了一条严重的塑性变形带区；随着爆炸焊接能量的增大，严重塑性变形带区变宽；随着距离连接界面位移的增大，有效塑性变形程度逐渐减小。

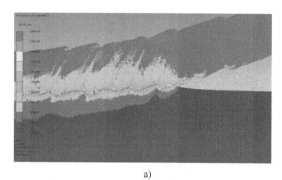

a)   b)

图 3-55　波形界面和漩涡结构的波形界面对应镁/铝合金复合板连接界面处的有效塑性变形分布云图
a）波形界面　b）漩涡结构的波形界面

综上所述，镁/铝合金爆炸焊接复合板连接界面处形成波形界面时，其界面连接机理可用压力焊理论解释。但是，利用复合板连接界面处的压力分布、剪切应力分布及有效塑性变形区的分布判定复合板连接界面连接机理的判据，仅适用于复合板连接界面形成波形界面的连接机理，而对于形成平直界面的爆炸焊接复合板连接界面的连接机理并不适用。

3.7.3　复合板连接界面的冶金熔化连接行为

对于爆炸焊接复合板连接界面的熔化现象，目前主要处于理论预测阶段。理论上，在爆炸焊接冲击载荷作用下，连接界面处可能会形成局部熔化的连接界面。相关参考文献 [3，6] 指出，被焊接的金属板在连接界面处是靠一层很薄的液态射流金属膜以 10^5 K/s 的冷却速度冷却下来，形成非晶或超细晶粒使两种金属黏接起来，但是该理论在实际试验中得到验证的寥寥无几。这也是各研究学者普遍认为爆炸焊接复合板连接界面连接是一种固相连接的原因。

为了进一步探究镁/铝合金爆炸焊接复合板连接界面微观层面的连接机理，本节采用透射电子显微镜（TEM 设备型号为 JEML 2100F）对复合板连接界面处的微观组织进行表征、分析和研究。镁/铝合金爆炸焊接复合板连接界面处透射试样的制备借助聚焦离子束（focused ion beam，FIB，设备型号为 JEOL JIB-4610F）进行加工。

TEM 试样的取样位置沿垂直于复合板连接界面处，如图 3-56a 所示。借助 FIB 制备的 TEM 试样形貌如图 3-56b 和 c 所示，由图 3-56b 和 c 可知，制备的 TEM 尺寸约为 $10\mu m \times 6\mu m$，试样厚度约为 53.96nm。

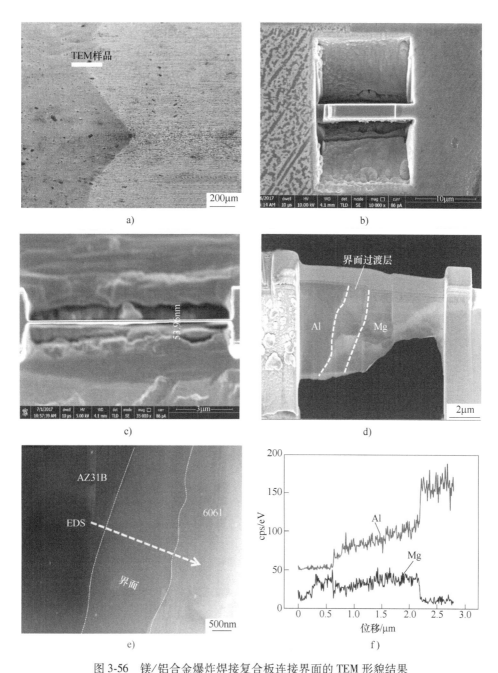

图 3-56　镁/铝合金爆炸焊接复合板连接界面的 TEM 形貌结果

a）TEM 取样位置　b）TEM 样品放大图　c）FIB 制样　d）FIB 制样放大图　e）SEM 图　f）EDS 线扫描图

以微波界面为例进行试验表征，对镁/铝合金爆炸焊接复合板进行 TEM 分析，并将试验结果合理推理到其他连接界面的微观连接。选择典型的微波界面进行探究的主要原因有以下几点：

1）平直界面形貌是位于小焊接参数下的起爆点附近出现的界面特征，并不是镁/铝合金爆炸焊接复合板的普遍界面形貌特征。同时，平直界面形貌并不在焊接窗口内，即被认为是一种非连接界面，在复合板的实际使用过程中一般会作为边角料切除。

2）微波界面、小波界面及大波界面，后两者由于在焊接参数增大时，连接界面处材料发生的塑性变形也增大，因此均在连接界面处形成了局部熔化区，导致漩涡结构的产生。即不难推断，微波界面在局部放大的 TEM 表征时，如果连接界面出现了连续的局部熔化过渡层，那么小波界面和大波界面在非漩涡结构区必然也会形成局部熔化的过渡层，且过渡层的厚度会大于微波界面出现的过渡层的厚度。

由图 3-56d 和 e 可知，制备的镁/铝合金爆炸焊接复合板连接界面处形成了明显的过渡层。对 TEM 试样进行 SEM 和 EDS 分析，由图 3-56f 可知，在连接界面处形成了厚度约为 1.5μm，化学成分为铝、镁元素组成的金属间化合物过渡层。

对于 FIB 制备的 TEM 试样，在透射电子显微镜下进一步观察和表征连接界面附近铝合金侧、镁合金侧及界面过渡层的微观形貌特征、高分辨形貌及物相组成，得到的结果如图 3-57 所示。

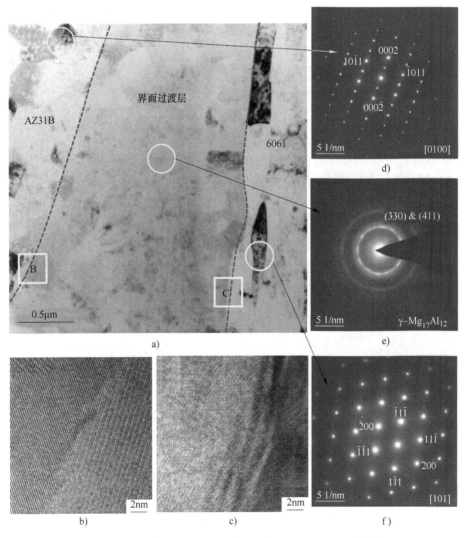

图 3-57　镁/铝合金爆炸焊接复合板微波界面处的 TEM 形貌结果

图 3-57a 所示为 6061/AZ31B 爆炸焊接复合板连接界面处 TEM 形貌图，由图 3-57a 可知，

镁合金侧（AZ31B）的组织形貌为细小的等轴晶组织，铝合金侧（6061）的组织形貌为拉长的晶粒；界面处形成了明显、连续、一定厚度的过渡层，该过渡层的厚度不均匀（平均厚度约为 2μm），对形成的过渡层组织进行高分辨衍射花样标定，对应铝镁金属间化合物相的粉末衍射卡片（power diffraction file，PDF，图 3-57e），计算并确定了该过渡层组织成分为 γ-$Mg_{17}Al_{12}$ 相的铝镁金属间化合物。图 3-57b 和 c 分别为基板 AZ31B 镁合金与界面过渡层的连接界面以及覆板铝合金与界面过渡层连接界面的高分辨图，由图 3-57b 和 c 可知，镁合金侧和铝合金侧均存在高密度位错，为应力集中区域。进一步对连接界面熔化区的组织形貌分别进行明场和暗场成像，如图 3-58 所示。由图 3-58 可知，连接界面过渡层的 γ-$Mg_{17}Al_{12}$ 相组织为细小的多边形晶粒形貌，其平均晶粒尺寸约为 200nm。

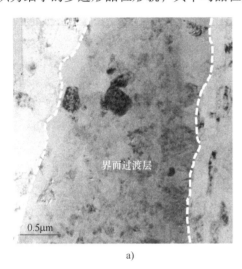

图 3-58　镁/铝合金复合板连接界面处组织形貌的明场和暗场成像图

a）明场成像　b）暗场成像

综合分析爆炸焊接过程中，镁/铝合金复合板的连接界面处出现 γ-$Mg_{17}Al_{12}$ 金属间化合物层过渡层的原因可归纳为：

1）热的产生。爆炸焊接过程中会形成三部分热量：炸药的爆炸热、连接界面附近金属的塑性变形热和试验过程中覆板与基板之间气体在高压下被绝热压缩时产生的绝热压缩热[24]。此外，爆炸焊接过程中，金属发生塑性变形也会有 90%~95% 的能量转化为热量，最终导致连接界面附近金属的温升，当温度高于覆板铝合金和基板镁合金的熔点时，即会使近界面区的覆板铝合金和基板镁合金发生局部熔化，形成金属间化合物熔化层。由图 3-59 可知，在镁/铝合金复合板连接界面处形成了一条高温熔化带区，最高温度达到了 1300K，远高于覆板铝合金和基板镁合金的熔点。

2）金属间化合物的形成。连接界面附近，金属的局部熔化会形成铝、镁金属间化合物。其中，γ-$Mg_{17}Al_{12}$ 相的吉布斯自由能最低，即 $Mg_{17}Al_{12}$ 相最容易形成[28]。

3）晶粒细化。整个爆炸焊接过程瞬时完成，界面处形成的液态金属层以极快的冷却速度急速冷却（10^5K/s），导致该熔化层界面过渡层形成的组织晶粒细化。

基于上述铝/镁复合板连接界面处的熔化现象可进一步推断：爆炸焊接过程中，铝合金和镁合金在连接界面处，材料达到超塑性流动状态（材料的超塑性发生条件其中一种

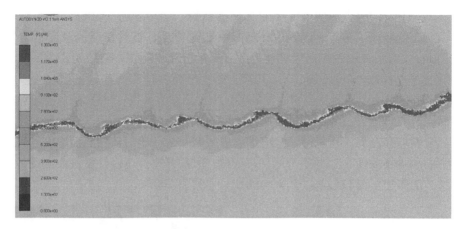

图 3-59 镁/铝合金复合板连接界面处的温度分布

情况是大于材料的熔点），这也可以进一步解释连接界面处出现射流和形成波形界面的原因。

镁/铝合金爆炸焊接复合板在连接界面处形成连续的金属间化合物熔化层，对复合板连接界面的结合强度及复合板的整体力学性能是有益的，其连接界面发生冶金反应实现的连接强度也优于其他固相连接界面的强度。A. Rohatgi 等[66]研究发现钛/铝层状复合板连接界面处形成 Al_3Ti 金属间化合物层时，可以提高复合板的抗拉强度和抗弯强度。M. Konieczny 等[67]发现镍/铝层状材料在连接界面处形成金属间化合物过渡层时，可以提高复合板的力学性能。N. Thiyaneshwaran 等[68]也发现连接界面形成连续的金属间化合物层对复合板的力学性能是有利的。当然，连接界面处形成的金属间化合物层厚度不断增大时，会导致复合板力学性能下降[41,69]。

3.8 复合板连接界面的静载力学性能

3.8.1 复合板连接界面微区硬度分布

纳米压痕仪是近年来快速发展起来的，特别适用于微区或薄膜材料的微纳力学性能测试系统[3,70-72]。本研究采用 Keysight G200 纳米压痕仪对镁/铝合金复合板连接界面各微区的力学性能进行测试和表征。

以镁/铝合金复合板小波界面处形成的漩涡结构为例，对复合板连接界面处形成的局部熔化区的力学性能进行表征和分析。纳米压痕的测试区域为分别沿覆板铝合金与局部熔化区的界面和局部熔化区与基板镁合金的界面处，设置 5×5 的阵列进行试验；试验用压头为玻氏压头，最大加载载荷为 30mN，加载时间为 15s，保载时间为 10s。试验后得到的漩涡结构内力学性能测试结果如图 3-60 所示。

由图 3-60a 可见，局部熔化区组织的压痕尺寸明显小于两侧铝合金基体和镁合金基体。由图 3-60b 可见，当加载到最大载荷 30mN 时，漩涡结构局部熔化区组织的最大加载位移为 600nm，铝合金基体的最大加载位移为 900nm，镁合金基体的最大加载位移为 1000nm。该结果也表明了漩涡结构局部熔化区组织的硬度高。由图 3-60c 可见，漩涡结构局部熔化区组织

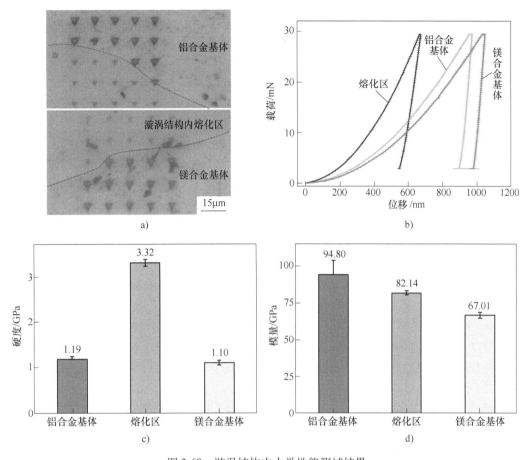

图 3-60　漩涡结构内力学性能测试结果

a）压痕形貌　b）载荷-位移曲线　c）硬度分布图　d）模量分布图

的平均硬度值为 3.32GPa，远大于两侧铝合金基体的硬度值（1.19GPa）和镁合金基体的硬度值（1.10GPa）。由图 3-60d 可见，漩涡结构局部熔化区组织、铝合金基体和镁合金基体的平均模量值分别为 94.80GPa、82.14GPa 和 67.01GPa。

镁/铝合金爆炸焊接复合板漩涡结构各区域的微纳力学性能结果的分布也进一步证实了显微组织分析的合理性。EBSD 试验结果表明：漩涡结构内的组织是由 $Mg_{17}Al_{12}$ 和 Mg_2Al_3 金属间化合物组成的混合组织，该区域的微纳力学性能测试结果也表明漩涡结构内的局部熔化区组织的硬度值远高于铝、镁合金基体的硬度值，是硬脆的金属间化合物相。

3.8.2　复合板连接界面压剪强度

为了探讨镁/铝合金爆炸焊接复合板连接界面的结合强度，分别对三种典型的连接界面进行压剪试验。其中，平直界面由于发生在起爆点附近的特殊位置，本节对复合板力学性能的研究中不予探讨。压剪试验参照 GB/T 6396—2008《复合钢板力学及工艺性能试验方法》进行，压剪试验设备为 ZWICK-Z020 型试验机，设计了压剪试验专用模具，试验时校准试样位置，保证基板镁合金侧固定，覆板铝合金侧受剪，连接界面处受力，如图 3-61 所示。压剪试验时加载速度为 0.5mm/min。

对前文两组焊接参数下的复合板各典型连接界面形貌特征（微波界面、小波界面、大波界面）的位置处进行加工剪切试样；压剪试样的尺寸为 8mm×10mm×4mm 的立方体小块，压剪试验前用砂纸对剪切试样各表面打磨光滑，尽可能减小在试验过程中由于材料表面粗糙等引起的试验误差，每组连接界面形貌的复合板剪切试样，均重复进行压剪试验 3 组。

复合板界面结合强度的计算公式为：

$$\tau_b = \frac{F_{max}}{wh} \qquad (3-8)$$

式中，τ_b 为界面结合强度；F_{max} 为峰值载荷；wh 为剪切试样的界面结合面积。

压剪试验后得到的试验数据，绘制 3 种典型界面形貌的载荷-位移曲线，如图 3-62 所示。

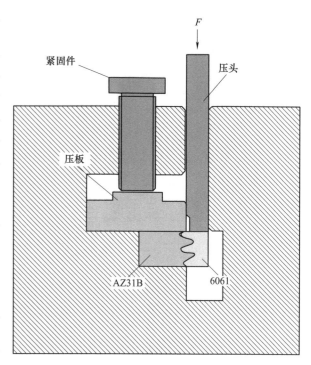

图 3-61　镁/铝合金爆炸焊接复合板压剪试验示意图

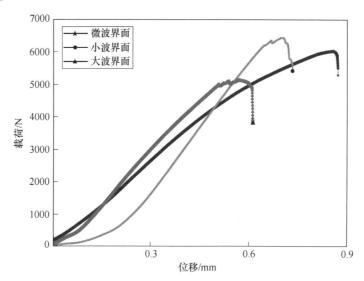

图 3-62　镁/铝合金爆炸焊接复合板压剪试验载荷-位移曲线

由图 3-62 可知，三种典型界面形貌对应的复合板剪切试样连接界面最大载荷值分别为 6438.4N、6030.0N 和 5107.2N；结合式（3-8）计算得出微波界面、小波界面和大波界面复合板的结合强度分别为 188.4MPa、201.2MPa 和 159.6MPa。

图 3-63 所示为小波界面剪切试样断裂失效的 SEM 扫描结果，图 3-63b~d 分别为图 3-63a 中 B~D 区域的局部放大图。由图 3-63a 和 c 可知，在剪切载荷作用下，小波界面的断裂

路径整体沿波形界面失效断裂；漩涡结构的存在阻碍了裂纹沿界面的扩展，进而导致了小波界面形貌的剪切试样压-剪强度高于微波界面的压-剪强度；但是随着焊接参数的增大，当连接界面处形成的漩涡结构增大，甚至出现局部的孔洞或微裂纹缺陷时，连接界面的漩涡结构在剪切载荷的作用下，漩涡结构区首先发生裂纹的萌生和扩展，是复合板连接界面的薄弱环节。

图 3-63　小波界面剪切试样断裂失效的 SEM 扫描结果

图 3-64 所示为漩涡结构的复合板连接界面剪切失效断裂路径示意图。由图 3-64 可知，小的漩涡结构的存在，可以阻碍裂纹沿着界面的扩展；当漩涡结构尺寸增大时，孔洞或微裂纹的缺陷导致漩涡结构成为复合板连接界面的薄弱环节。Zhang 等[73]在 2205/X65 爆炸焊接复合板的拉伸和弯曲试验中也发现，连接界面处形成的局部熔化区是试样失效断裂的薄弱环节，也是裂纹萌生和扩展的起始区域。R. Kacar 等[74]和 S. Mousavi 等[75]在钢/钢的爆炸焊接复合板及钛/不锈钢的爆炸焊接复合板力学性能试验中均发现了类似的结论。

3.8.3　复合板连接界面拉剪强度

为了综合表征镁/铝合金爆炸焊接复合板界面结合强度，本节以 I #镁/铝合金复合板为研究对象同样进行了拉剪试验，拉剪试样的尺寸示意图如图 3-65 所示；拉剪试验参照 GB/T 6396—2008 进行，拉剪试验在万能试验机上进行，载荷加载速率为 0.1mm/min。

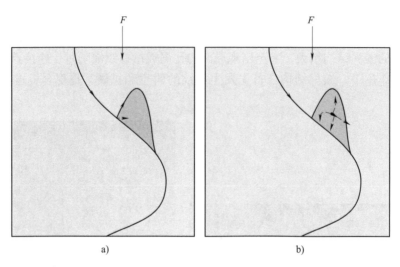

图 3-64 漩涡结构复合板连接界面剪切失效断裂路径示意图

对镁/铝合金爆炸焊接复合板试样进行拉剪试验，得出的载荷-位移曲线如图 3-66 所示。根据式（3-8），计算得出镁/铝合金爆炸焊接复合板的界面结合强度为 193.3MPa。

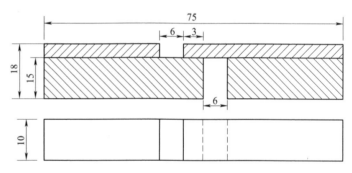

图 3-65 镁/铝合金复合板拉剪试样的尺寸示意图（单位：mm）

采用 SEM 和 EDS 对其断口形貌及成分特征进行进一步分析，得出如图 3-67 所示的连接界面断口形貌图。由图 3-67a 和 b 可知，拉剪试验后复合板失效断裂路径沿着波形连接界面扩展。从整体撕裂形貌可得出，波峰处的断裂呈脆性断裂的解理台阶，波谷处呈现脆性和塑性混合断裂，出现了少量的韧窝形貌；由图 3-67c 可知，断口形貌既有铝合金基体的成分，也有镁合金基体。这一现象证实了在剪切载荷作用下，镁/铝合金复合板连接界面处是从 $Mg_{17}Al_{12}$ 金属间化合物过渡层失效断裂的。

此外，对比分析其他方法

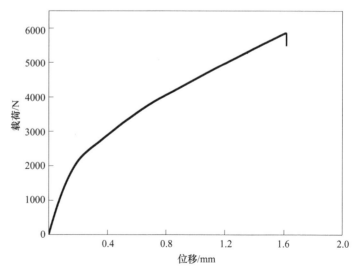

图 3-66 镁/铝合金爆炸焊接复合板拉剪试验的载荷-位移曲线

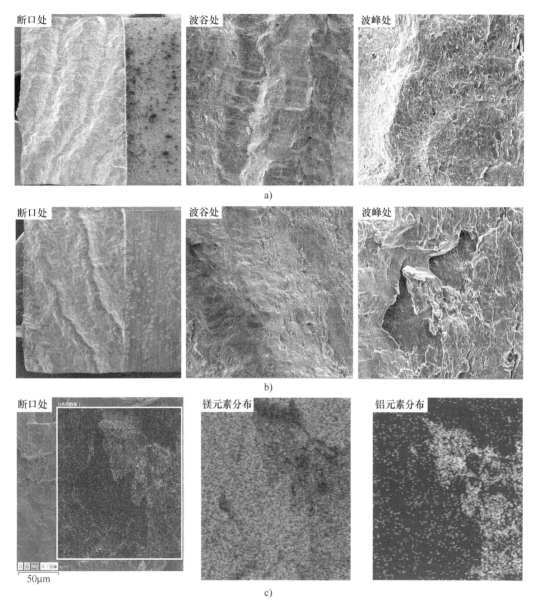

图 3-67　镁/铝合金爆炸复合板拉剪试验的连接界面断口形貌

a）铝合金侧拉剪试全 SEM 断口形貌　b）镁合金侧拉剪试验断口 SEM 断口形貌

c）镁合金侧拉剪试验断口 EDS 面扫结果

制备的镁/铝合金复合板连接界面的结合强度，得出表 3-3 所示的结果。

由表 3-3 所列的其他方法（如扩散焊、热轧、脉冲焊接等）制备的镁/铝合金复合板连接界面的结合强度远低于本节制备的镁/铝合金复合板界面的结合强度（201.2MPa）。分析其原因主要是前文发现的爆炸焊接制备镁/铝合金复合板特有的连接界面形貌及连接界面结合机理，即爆炸焊接方法制备的复合板连接界面呈波形界面，以及连接界面处形成的厚度大约为 $2\mu m$ 的 $Mg_{17}Al_{12}$ 金属间化合物过渡层。

表 3-3　对比其他方法制备的镁/铝合金复合板连接界面最大结合强度

试验材料	加工方法	过渡层添加	结合强度/MPa
纯镁和纯铝[76]	扩散焊	镁铝低熔点共晶相	23
AZ31B Mg 和 6061 Al[77]	扩散焊	Zn-5Al 过渡层	86
		纯锌过渡层	55
AZ31B Mg 和 6061 Al[78]	扩散焊	Zn-8Al 合金	38
		无	41
AZ31B Mg 和 2024 Al[79]	扩散焊	Zn-Al-Ce 合金	83
		无	56
AZ31B Mg 和 7075 Al[16]	爆炸焊	无	70
Mg-Gd-Y-Zr Mg 和 7075 Al[51]	热轧	无	46
7075 Al/AZ31B Mg/7075 Al[80]	热轧	无	55
7075 Al 和 AZ31B Mg[81]	热轧	无	25
6061 Al 和 AZ31 Mg[82]	脉冲 MIG 点焊	无	130
Mg-AZ31 和 Al-6061[83]	扩散焊	无	32
7075 Al 和 AZ31B Mg[24]	扩散焊	无	38

3.9　焊后热处理复合板组织性能

3.9.1　复合板的退火工艺

采用爆炸焊接方法制备的镁/铝合金复合板，是在爆轰波瞬时、极速地冲击作用下实现的。因此，镁/铝合金爆炸焊接复合板在连接界面处不可避免地会产生大的塑性变形，甚至在局部会发生复杂的物理、化学冶金反应，导致复合板内部出现局部位错密度堆积、残余应力集中、材料加工硬化等现象。为了消除爆炸焊接复合板的残余应力及加工硬化，进一步改善爆炸焊接复合板的综合性能，常采用去应力退火的热处理工艺方法[20,84,85]。

综合考虑覆板 6061 铝合金和基板 AZ31B 镁合金的再结晶温度区间，为了改善镁/铝合金复合板的爆炸焊接残余应力和镁合金侧的绝热剪切带组织，本节分别设置了四组退火工艺参数：200℃、250℃、300℃和400℃，均进行 2h 的退火。退火试样尺寸为 20mm×10mm×10mm。热处理试验在真空热处理炉（型号为 ZY-Q1400）中退火处理。

对不同退火条件下进行的镁/铝合金复合板试样连接界面处元素的扩散行为、组织特征及复合板的力学性能等进行综合分析和表征，以确定适用于爆炸焊接制备的镁/铝合金复合板的最佳后续退火工艺区间。

3.9.2　退火态复合板的连接界面特征

图 3-68 所示为不同退火工艺参数下镁/铝合金复合板连接界面的 SEM 形貌。

由图 3-68 可知，退火处理后的镁/铝合金复合板连接界面出现了明显的扩散层，其中经200℃、2h 退火的试样，复合板连接界面处形成的扩散层不明显，随着退火温度的升高，相

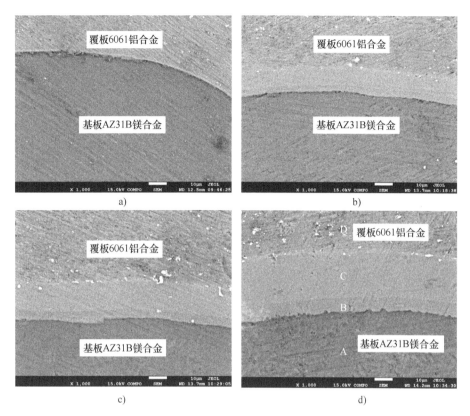

图 3-68　不同退火工艺参数下镁/铝合金复合板连接界面的 SEM 形貌
a）200℃下，加热 2h 的退火试样　b）250℃下，加热 2h 的退火试样
c）300℃下，加热 2h 的退火试样　d）400℃下，加热 2h 的退火试样

同的退火时间下，复合板连接界面处形成的扩散层厚度不断增大，且均呈现两层明显扩散层。

为了进一步表征不同退火工艺条件下，复合板连接界面处形成的扩散层的厚度及物相成分，对图 3-68 所示的各试样连接界面区域进行 EDS 线扫描分析（图 3-69、表 3-4）和点能谱分析（图 3-70）。

表 3-4　连接界面不同区域（图 3-68d）的 EDS 线扫描结果

区域	Al 占比（%）	Mg 占比（%）	化合物成分
A	3.55	96.45	AZ31B
B	51.63	48.37	$Mg_{17}Al_{12}$
C	40.81	59.19	Mg_2Al_3
D	95.32	4.68	6061

由图 3-69 可知，200℃、2h 退火后复合板连接界面处的过渡层厚度大约为 3μm。结合爆炸态复合板界面过渡层分析结果可推断，在该温度条件下，形成的扩散层主要为 $Mg_{17}Al_{12}$ 相；随着退火温度的升高，复合板连接界面形成了明显的扩散层，分别在 250℃、300℃和 400℃下进行 2h 退火后的复合板界面扩散层厚度逐渐增大，扩散层的厚度分别为 10μm、

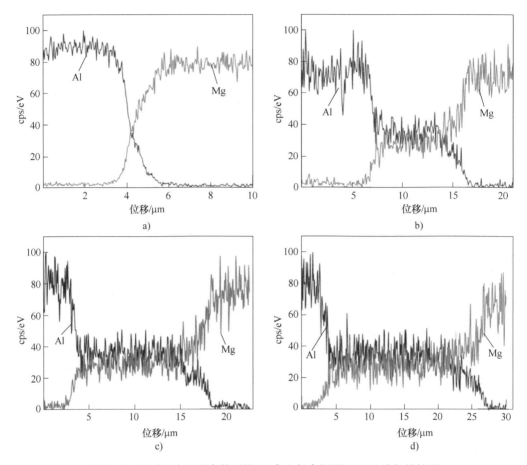

图 3-69 不同退火工艺参数下镁/铝合金复合板界面 EDS 线扫描结果
a) 200℃下，加热 2h 的退火试样 b) 250℃下，加热 2h 的退火试样
c) 300℃下，加热 2h 的退火试样 d) 400℃下，加热 2h 的退火试样

$15\mu m$ 和 $23\mu m$。

综合表 3-4 和图 3-70 可初步推断，随着退火温度的升高，镁/铝合金复合板连接界面处均出现了两层扩散层，其中，Mg_2Al_3 金属间化合物层的厚度随着退火温度的升高，扩散层厚度增大明显；结合扩散层铝、镁原子百分比可初步推断各扩散层的物相成分，靠近镁合金侧为 $Mg_{17}Al_{12}$ 金属间化合物层、靠近铝合金侧为 Mg_2Al_3 金属间化合物层，且靠近铝合金侧的 Mg_2Al_3 金属间化合物层厚度明显大于 $Mg_{17}Al_{12}$ 金属间化合物层。这主要是由于 $\gamma\text{-}Mg_{17}Al_{12}$ 相和 $\beta\text{-}Mg_2Al_3$ 相相比，$Mg_{17}Al_{12}$ 相形成所需的吉布斯自由能远低于 Mg_2Al_3 相形成所需的吉布斯自由能，即同一条件下，$Mg_{17}Al_{12}$ 相比 Mg_2Al_3 相更容易形成；但是，当 $Mg_{17}Al_{12}$ 相和 Mg_2Al_3 相同时形成后，Mg_2Al_3 相的长大速度远大于 $Mg_{17}Al_{12}$ 相的长大速度[28,41,86]。

在退火工艺条件下，镁/铝合金爆炸焊接复合板连接界面扩散层的铝镁金属间化合物组织形貌等特征，还需要 EBSD 技术对微区组织形貌特征进行表征。

3.9.3 退火态复合板的组织特征

为了分析不同退火工艺参数下，镁/铝合金爆炸焊接复合板连接界面及近界面区的组织

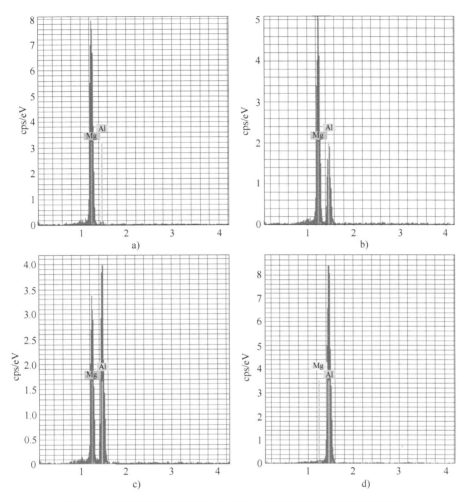

图 3-70　连接界面不同区域（3-68d）扩散层位置的 EDS 点扫结果

a）A 区域　b）B 区域　c）C 区域　d）D 区域

形貌，本节采用 OM 和 EBSD 分别对镁合金侧组织演变特征、扩散层组织形貌特征及近界面处的镁合金、铝合金组织特征进行表征分析。图 3-71 所示为不同退火工艺参数下镁/铝合金复合板近界面区镁合金侧的组织形貌。

由图 3-71 可知，退火后，镁合金侧的绝热剪切带组织均转变为规则的再结晶晶粒；随着退火温度的升高，近界面区镁合金侧的镁合金晶粒尺寸呈增大的趋势。这说明经 200℃、2h 的退火，近界面区镁合金侧发生了完全的再结晶。图 3-72 所示为 250℃、2h 的退火试样连接界面的 EBSD 图。

由图 3-72 可知，镁/铝合金爆炸焊接复合板在 250℃、2h 退火作用下，高倍放大后可见连接界面处形成了明显的两层扩散层，分别为靠近镁合金侧的 $Mg_{17}Al_{12}$ 金属间化合物层和靠近铝合金侧的 Mg_2Al_3 金属间化合物层；其中 $Mg_{17}Al_{12}$ 金属间化合物层的厚度约为 $3\mu m$，Mg_2Al_3 金属间化合物层的厚度约为 $8\mu m$，即 Mg_2Al_3 金属间化合物层的厚度远大于 $Mg_{17}Al_{12}$ 金属间化合物层的厚度；$Mg_{17}Al_{12}$ 金属间化合物层的形貌为沿原始的镁/铝合金界面呈柱状晶形貌生长，柱状晶的形成与退火过程中界面处的散热方向有关；而 Mg_2Al_3 金属间化合物

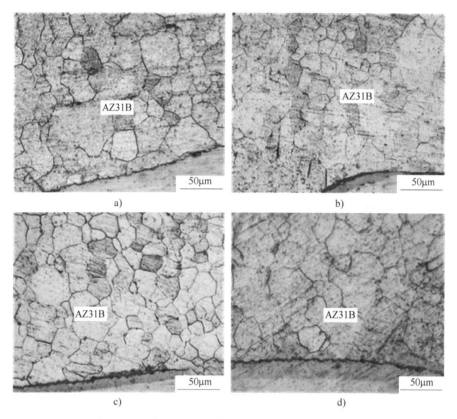

图 3-71　不同退火工艺参数下镁/铝合金复合板近界面区镁合金侧的组织形貌
a）200℃下，加热 2h 的退火试样　b）250℃下，加热 2h 的退火试样
c）300℃下，加热 2h 的退火试样　d）400℃下，加热 2h 的退火试样

层为细小的等轴晶组织。镁合金侧的组织呈现长大的、规则的、多边形晶粒；近界面区铝合金侧的组织整体呈拉长的晶粒，且近界面区形成了小的部分再结晶晶粒。

3.9.4　退火态复合板的力学性能

（1）界面扩散层的微纳力学性能　为了进一步探究退火后镁/铝合金复合连接界面处形成的 $Mg_{17}Al_{12}$ 和 Mg_2Al_3 金属间化合物层的力学性能，400℃、2h 退火后的试样连接界面扩散层为例进行测试和分析，并与退火复合板试样的近界面区铝合金基体和镁合金基体的微纳力学性能进行对比分析。主要是为了保证纳米压痕试验结果的可靠性，尽可能选取 $Mg_{17}Al_{12}$ 扩散层厚度较大的试样。

下面分别对 $Mg_{17}Al_{12}$ 金属间化合物扩散层和 Mg_2Al_3 金属间化合物扩散层的力学性能进行表征和分析。分别沿着 $Mg_{17}Al_{12}$ 金属间化合物扩散层和 Mg_2Al_3 金属间化合物扩散层随机多次取点进行纳米压痕测试，试验用压头为玻氏压头，试验最大加载位移为 2000nm，加载时间为 15s，保载时间为 10s。试验后得到的绝热剪切带区域的力学性能结果如图 3-73 和图 3-74 所示。其中，图 3-73a 所示为试验后的压痕形貌图，图 3-73b 所示为载荷-位移曲线；图 3-74a 和 b 分别为 $Mg_{17}Al_{12}$ 和 Mg_2Al_3 金属间化合物扩散层的位移-硬度曲线，图 3-74c 和 d 分别为 $Mg_{17}Al_{12}$ 和 Mg_2Al_3 金属间化合物扩散层的位移-模量曲线。

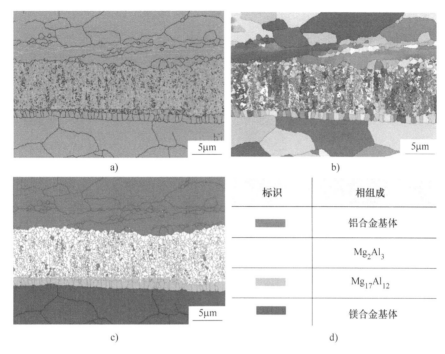

图 3-72　经 250℃ 进行 2h 的退火试样连接界面的 EBSD 图

a）母材图　b）反极图　c）相图　d）相分布图

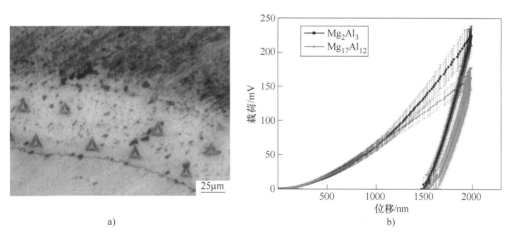

图 3-73　界面扩散层的纳米压痕试验结果

由图 3-73a 可知，Mg_2Al_3 金属间化合物扩散层的压痕尺寸略小于 $Mg_{17}Al_{12}$ 金属间化合物扩散层的压痕尺寸。由图 3-74b 可知，当加载到设置的最大位移（2000nm）时，Mg_2Al_3 金属间化合物所需的平均最大加载载荷为 225mN，而 $Mg_{17}Al_{12}$ 金属间化合物所需的平均最大加载载荷为 175mN。因此，镁/铝合金爆炸焊接复合板退火后，连接界面形成的 Mg_2Al_3 金属间化合物的硬度高于 $Mg_{17}Al_{12}$ 金属间化合物的硬度。

退火后复合板试样的近界面区纳米压痕试验结果，如图 3-75 所示。

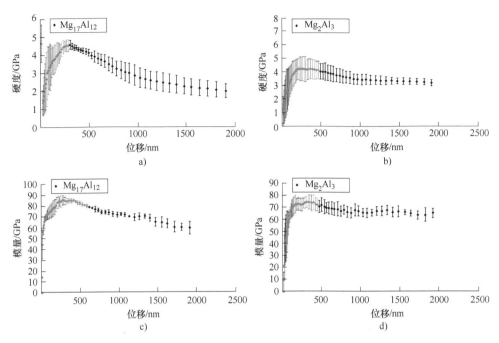

图 3-74　退火态镁/铝合金复合板界面扩散层的硬度和模量曲线

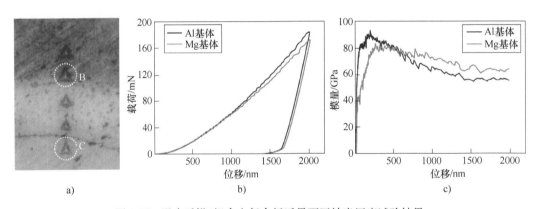

图 3-75　退火后镁/铝合金复合板近界面区纳米压痕试验结果

图 3-75a 所示为纳米压痕试验后近界面区的压痕形貌，图 3-75b 和 c 分别为对应图 3-75a 所示的近界面区 B 和 C 两个压痕的载荷-位移曲线和模量-位移曲线。纳米压痕试验结果的平均硬度值和平均模量值列于表 3-5，并与扩散层的微纳力学性能进行对比分析。

表 3-5　退火后试样界面扩散层及近界面区基体的微纳力学性能结果　（单位：GPa）

测试区	力学性能	
	平均硬度值	平均模量值
铝合金基体	1.05	87.0
Mg_2Al_3 金属间化合物扩散层	4.27	80.5
$Mg_{17}Al_{12}$ 金属间化合物扩散层	3.77	73.5
镁合金基体	0.85	64.1

对比图 3-75a 和 b 可知，$Mg_{17}Al_{12}$ 金属间化合物扩散层的平均硬度值为 3.77GPa，Mg_2Al_3 金属间化合物扩散层的平均硬度值为 4.27GPa。由表 3-5 可知，$Mg_{17}Al_{12}$ 金属间化合物扩散层的平均模量值为 73.50GPa，Mg_2Al_3 金属间化合物扩散层的平均模量值为 80.50GPa，铝合金基体和镁合金基体的平均硬度值分别为 1.05GPa 和 0.85GPa，对比实测爆炸焊接态复合板近界面区铝合金基体和镁合金基体的平均硬度值（2.43GPa 和 1.89GPa）

后发现，退火后复合板近界面区的显微硬度值比爆炸焊接态复合板的硬度值低。

（2）复合板的拉伸性能

为了探讨镁/铝合金爆炸焊接复合板的整体力学性能及不同退火工艺参数对复合板力学性能的影响，本研究分别对不同退火工艺参数下的镁/铝合金爆炸焊接复合板及原始爆炸焊接复合板进行拉伸试验，在剪切试验结论的基础上，拉伸试样以强度最高的小波界面试样为例进行试验。试验后绘制了应力-应变曲线（图 3-76），以及抗拉强度、屈服强度和伸长率柱状图（图 3-77）。

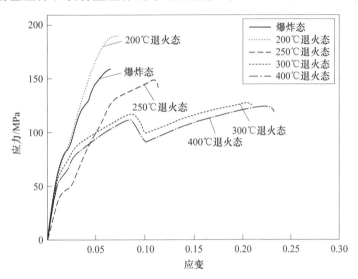

图 3-76　退火前后镁/铝合金爆炸焊接复合板的应力-应变曲线

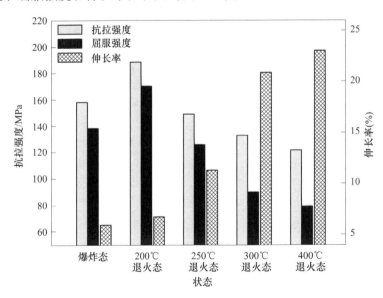

图 3-77　不同状态下镁/铝合金爆炸焊接复合板的抗拉强度、屈服强度和伸长率柱状图

由图 3-76 和图 3-77 可知，镁/铝合金爆炸焊接复合板焊爆炸态的抗拉强度为 158.0MPa，伸长率为 6.0%；退火后复合板的综合性能均有所改善；退火温度为 200℃ 对应的复合板抗

拉强度最高，为189.0MPa；随着退火温度的升高，复合板的抗拉强度逐渐降低，但是伸长率逐渐升高；退火温度为400℃时，对应复合板的伸长率最大，达到了22.6%。

退火后镁/铝合金爆炸焊接复合板综合性能的提高的原因：①退火可以消除爆炸焊接过程中连接界面附近的残余应力；②结合前文对扩散层厚度和组织的分析，连接界面形成一定厚度的扩散层。随着退火温度的提高，连接界面生成的金属间化合物层厚度增大，影响连接界面的结合强度。该现象可以根据拉伸载荷作用下，连接界面处失效断裂行为进行判断（图3-78）。随着退火温度升高，连接界面处扩散层厚度的增大，在拉伸载荷作用下，裂纹首先在硬脆相的金属间化合物层萌生并延伸，扩展到一定程度时沿着连接界面处出现分层和断裂。由于镁合金的塑性比铝合金差，因此失效断裂会首先从镁合金侧产生（图3-78c和d），对应的应力-应变曲线会出现台阶式的突变（图3-76）。

退火后，镁/铝合金爆炸焊接复合板的伸长率随退火温度的升高而增大。这是由于爆炸焊接后的复合板连接界面发生剧烈的塑性变形，存在大量的位错和应力集中。随着退火的进行，位错密度会明显减少且发生晶粒再结晶，使复合板发生软化导致塑性的提高。此外，连接界面扩散层的形成，在拉伸载荷作用下，可转移一定的载荷承受塑性变形和裂纹的扩展，也可以提高复合板的伸长率[20]。

图3-78所示为拉伸试验后的各组复合板试样的失效断裂位置，进行SEM分析，得到了图3-79所示的SEM形貌图。由图3-78可知：复合板在断裂过程中呈现不同的断裂形貌，爆

a)

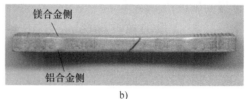

b)

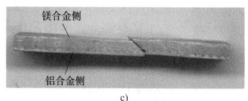

c)

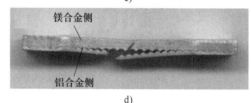

d)

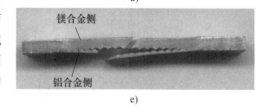

e)

图3-78　镁/铝合金复合板经过
不同状态退火后宏观形貌

a）爆炸态　b）200℃退火态　c）250℃退火态
d）300℃退火态　e）400℃退火态

炸后的复合板断裂发生在复合板的中部，断裂沿45°方向延伸，由相应的断裂曲线可知，断裂过程属于脆性断裂，从宏观上看，连接界面并没有发生分离。当退火温度为200℃及250℃时，断裂过程与爆炸焊接后的复合板较为相似。当退火温度为300℃及400℃时，断裂发生了分层现象，由于连接界面处元素的大量持续扩散，导致过渡层生成，该层为硬脆相，力学性能较差。因此，在拉伸载荷作用下，断裂沿过渡层扩展，导致连接界面剥离。对应应力-应变曲线可以看出，曲线出现了波段状的突变点，也说明了在拉伸载荷作用下，裂纹在过渡层中产生并开始扩展。但当其达到一定强度时，界面发生分离，导致镁合金侧首先发生断裂，对应应力-应变曲线中阶梯状的变化，然后载荷继续增加，直至铝合金侧发生断裂。

这种断裂的典型特征在其他复合板的拉伸试验过程中也发现了类似的规律[87,88]。

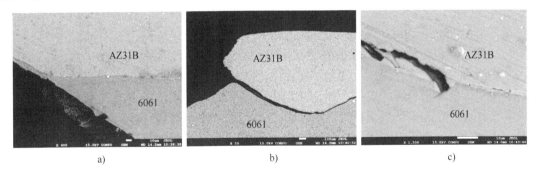

图 3-79 复合板连接界面断裂 SEM 形貌图

a) 爆炸态 b) 250℃退火态，复合板分离 c) 250℃退火态，复合板断裂

图 3-79a 可以看出，复合板在拉伸过程中的界面并没有发生分离现象，连接界面结合良好，复合板没有沿连接界面发生断裂。这也说明了复合板爆炸焊接后结合质量较高，说明爆炸焊接工艺合适，复合板性能较好。由图 3-79b 可以看出，复合板沿连接界面首先发生分离，这与前面的论述相符合。由图 3-79c 可以看出，裂纹首先发生在连接界面扩散层中且靠近镁合金侧，因为扩散层为硬脆相，且镁合金的塑性较差，然后裂纹沿着界面扩散，直至最后发生断裂。

综上分析可知，对镁/铝合金爆炸焊接复合板进行后续退火，可以很好地改善爆炸态复合板的综合力学性能；随着退火温度的升高，复合板的抗拉强度先升高后降低，但是复合板的伸长率不断增大；200℃退火后复合板的抗拉强度最优，由原来的 158.0MPa 提高至 189.0MPa；400℃退火后复合板的伸长率由原始的 6.0% 增大到了 22.6%。

不同退火工艺下镁/铝合金爆炸焊接复合板的拉伸性能比爆炸态复合板的性能高，主要原因是一方面，减小了爆炸焊接冲击作用下近界面区的应力集中；另一方面，复合板连接界面处过渡层的形成[89-92]。但是，当退火温度不断升高，复合板的抗拉强度呈下降趋势，这主要是由于 Mg_2Al_3 金属间化合物扩散层厚度的不断增大导致的。硬脆的金属间化合物由于断裂韧性较差，在载荷作用下易形成孔洞等缺陷，并成为裂纹的萌生和快速扩展区[93,94]。对于铝镁金属间化合物，Mg_2Al_3 金属间化合物相区更容易萌生裂纹，这主要是由于 $Mg_{17}Al_{12}$ 金属间化合物相的热导率更接近于基体镁合金的热导率。基体镁合金与 $Mg_{17}Al_{12}$ 金属间化合物扩散层之间的应力集中较小，而 Mg_2Al_3 金属间化合物扩散层和 $Mg_{17}Al_{12}$ 金属间化合物扩散层分别为富铝层和富镁层，热导率差异较大。进而，退火后镁/铝合金复合板连接界面的 Mg_2Al_3 和 $Mg_{17}Al_{12}$ 金属间化合物扩散层由于热膨胀系数差异，导致连接界面处应力集中，且为拉-拉应力，即 Mg_2Al_3 金属间化合物扩散层成为整个复合板的薄弱区[69,93]。

3.10 本章小结

本章主要探讨了镁/铝合金爆炸焊接复合板在不同焊接参数下获得的四种典型连接界面形貌特征；建立 ANSYS 模型及理论模型探究了典型结构的波形界面、漩涡结构的形成与工艺参数、界面微区材料变形、射流运动的内在联系；通过试验表征和数值建模综合分析了波形界面的形成过程及影响因素；采用试验表征手段对爆炸焊接复合板和退火态复合板连接界面、近界面区组织演变特征、近界面区微纳力学性能和复合板的宏观力学性能进行了综合表征分析。得出以下主要几点结论：

1）镁/铝合金爆炸焊接复合板的界面形貌呈现四种典型形貌特征，即平直界面、微波界面、小波界面和大波界面；沿着爆轰波方向，镁/铝合金爆炸焊接复合板连接界面形貌会呈现平直界面向波形界面的过渡和微波界面向大波界面的过渡；采用 SPH 数值模型阐明了连接界面处碰撞点与射流粒子呈现周期性的波形运动，发现复合板波形界面的形成过程是由碰撞区材料的塑性变形引起碰撞点及射流运动方向的周期性运动的结果；连接界面处漩涡结构的形成主要是由于镁合金发生大塑性变形捕获射流粒子而形成的；碰撞过程中，镁合金发生的塑性变形越大，捕获的射流粒子越多，形成漩涡结构的平均尺寸越大。

2）镁/铝合金爆炸焊接复合板的镁合金侧出现了与连接界面成 45°的倾角，从连接界面处起始向镁合金内部延伸的、典型的绝热剪切带组织；镁合金侧绝热剪切带组织的形成主要是因为周期性爆炸载荷在碰撞点向镁合金内的传播，以及镁合金在剪切力作用下发生的局部塑性变形特征；绝热剪切带内的组织为细小的再结晶晶粒，且发生再结晶的驱动力是材料局部发生塑性变形而导致的材料温升；无论是平直界面还是波形界面，其镁合金侧均出现了绝热剪切带组织；随着波形界面尺寸的增大，绝热剪切带的带宽、密度和长度均随之增大。

3）复合板连接界面处形成的漩涡结构及局部熔化区组织均为铝、镁合金间化合物。其中，漩涡结构内组织成分为 $Mg_{17}Al_{12}$ 相和 Mg_2Al_3 相的混合组织，且 $Mg_{17}Al_{12}$ 相分布比例远大于 Mg_2Al_3 相的分布比例；界面熔化区的组织为单一的 $Mg_{17}Al_{12}$ 相。铝合金侧组织由原始六边形晶粒形貌转变为拉长的变形晶粒；近界面区的铝合金变形晶粒内部及晶界处出现了大量的高密度位错及亚晶结构；镁合金侧近界面区出现了典型的绝热剪切带组织，起始于镁/铝合金复合板连接界面，随着距离复合板连接界面位移的增大，绝热剪切带组织逐渐消失；镁合金侧距离连接界面不同位置区域，其微观组织形貌特征发生明显变化；靠近连接界面处，晶粒形态为细小的再结晶晶粒，发生再结晶的比例最大；随着距离连接界面位移增大，再结晶程度减小，变形晶粒比例增大，形成了明显的变形剪切带组织，与此同时，镁合金组织中的压缩孪晶和小角晶界比例增大。

4）镁/铝合金爆炸复合板连接界面的结合机理可归纳为特殊的熔化焊机理：连接界面的扩散行为、连接界面的塑性变形形成机械啮合，以及连接界面的熔化层。综合探讨镁/铝合金爆炸焊接复合板连接界面的元素扩散行为、塑性变形行为及熔化层现象，揭示了镁/铝合金爆炸焊接复合板连接界面结合机理，即连接界面微区材料的塑性变形及连接界面连续熔化层的形成。

5）镁/铝合金爆炸焊接复合板的微波界面、小波界面和大波界面对应的复合板界面结合强度分别为 188.4MPa、201.2MPa 和 159.6MPa；漩涡结构的存在可以阻碍裂纹沿界面的扩展，进而导致小波界面形貌的剪切试样结合强度高于微波界面的结合强度；但是随着焊接参数的增大，当连接界面处形成的漩涡结构增大时，甚至是形成微裂纹时，漩涡结构区首先发生裂纹源的萌生和扩展，是复合板连接界面的薄弱环节。

6）退火后复合板连接界面处的镁合金侧绝热剪切带组织均转变为再结晶晶粒；复合板连接界面形成了过渡层，分别是靠近基板镁合金侧的 $Mg_{17}Al_{12}$ 金属间化合物扩散层和靠近覆板铝合金侧的 Mg_2Al_3 金属间化合物扩散层；对连接界面处形成的过渡层进行 EBSD 组织形貌分析。随着退火温度的升高，复合板的抗拉强度先升高后降低，但是复合板的伸长率不断增大；经 400℃、2h 退火后，复合板的伸长率由原始态的 6.0% 增大到 22.6%。

参 考 文 献

［1］　王耀华. 金属板材爆炸焊接研究与实践［M］. 北京：国防工业出版社，2007.

［2］　AKBARI M S A A, AL-HASSANI S T S. Finite element simulation of explosively-driven plate impact with application to explosive welding［J］. Materials & Design, 2008, 29（1）：1-19.

［3］　AKBARI M S A A, AL-HASSANI S T S. Numerical and experimental studies of the mechanism of the wavy interface formations in explosive/impact welding［J］. Journal of the Mechanics & Physics of Solids, 2005, 53（11）：2501-2528.

［4］　SALEM S, LAZARI L G, ALHASSANI S. Explosive welding of flat plates in free flight［J］. International Journal of Impact Engineering, 1984, 2（1）：85-101.

［5］　LI X J, MO F, WANG X H, et al. Numerical study on mechanism of explosive welding［J］. Science & Technology of Welding & Joining, 2012, 17（1）：36-41.

［6］　CHU Q L, MIN Z, LI J H, et al. Experimental and numerical investigation of microstructure and mechanical behavior of titanium/steel interfaces prepared by explosive welding［J］. Materials Science & Engineering（A）, 2017, 689（3）：323-331.

［7］　XIAO W, ZHENG Y, LIU H, et al. Numerical study of the mechanism of explosive/impact welding using Smoothed Particle Hydrodynamics method［J］. Materials & Design, 2012, 35（3）：210-219.

［8］　COWAN G R, BERGMANN O R, HOLTZMAN A H. Mechanism of bond zone wave formation in explosion-clad metals［J］. Metallurgical & Materials Transactions（B）, 1971, 2（11）：3145-3155.

［9］　COWAN G R, HOLTZMAN A H. Flow configurations in colliding plates：explosive bonding［J］. Journal of Applied Physics, 1963, 34（4）：928-939.

［10］　KOWALICK J F, HAY D R. A mechanism of explosive bonding［J］. Metallurgical Transactions, 1971, 2（7）：1953-1958.

［11］　REID S R, SHERIF N. Prediction of the wavelength of interface waves in symmetric explosive welding［J］. Archive Journal of Mechanical Engineering Science, 1976, 18（2）：87-94.

［12］　GODUNOV S K, DERIBAS A A, ZABRODIN A V, et al. Hydrodynamic effects in colliding solids - ScienceDirect［J］. Journal of Computational Physics, 1970, 5（3）：517-539.

［13］　韩顺昌. 爆炸焊接界面相变与断口组织［M］. 北京：国防工业出版社，2011.

［14］　袁晓丹. 铝/镁合金爆炸焊接层状复合界面形成机制及数值模拟［D］. 太原：太原理工大学，2016.

［15］　张楠. 铝/镁合金爆炸焊接层状复合材料界面行为的研究［D］. 太原：太原理工大学，2015.

［16］　YAN Y B, ZHANG Z W, SHEN W, et al. Microstructure and properties of magnesium AZ31B-aluminum 7075 explosively welded composite plate［J］. Materials Science & Engineering（A）, 2010, 527（9）：2241-2245.

［17］　ABE A. Numerical simulation of the plastic flow field near the bonding surface of explosive welding［J］. Journal of Materials Processing Technology, 1999, 85：162-165.

［18］　ACARER M, DEMIR B. An investigation of mechanical and metallurgical properties of explosive welded aluminum-dual phase steel［J］. Materials Letters, 2008, 62（25）：4158-4160.

［19］　WRONKA B. Testing of explosive welding and welded joints. The microstructure of explosive welded joints and their mechanical properties [J]. Journal of Materials Science, 2010, 45 (13): 3465-3469.

[20] BINA M H, DEHGHANI F, SALIMI M. Effect of heat treatment on bonding interface in explosive welded copper/stainless steel [J]. Materials & Design, 2013, 45 (3): 504-509.

[21] KAYA Y, KAHRAMAN N. An investigation into the explosive welding/cladding of Grade A ship steel/AISI 316L austenitic stainless steel [J]. Materials & Design, 2013, 52: 367-372.

[22] CARVALHO R, MENDES R, LEAL R M A, et al. Effect of the flyer material on the interface phenomena in aluminium and copper explosive welds [J]. Materials & Design, 2017, 122: 172-183.

[23] 张婷婷. 铝/镁合金爆炸焊接界面连接机制及组织特征 [D]. 太原: 太原理工大学, 2017.

[24] 郑远谋. 爆炸焊接和爆炸复合材料的原理及应用 [M]. 长沙: 中南大学出版社, 2002.

[25] 湖南省湘中供电局. 太乳炸药与爆炸压接 [M]. 北京: 水利电力出版社, 1978.

[26] SU H L, HARMELIN M, DONNADIEU P, et al. Experimental investigation of the Mg-Al phase diagram from 47 to 63 at. % Al [J]. 1997, 247 (1): 60-65.

[27] PANTELI A, ROBSON J D, BROUGH I, et al. The effect of high strain rate deformation on intermetallic reaction during ultrasonic welding aluminium to magnesium [J]. Materials Science & Engineering A, 2012, 556: 31-42.

[28] QIAO X G, LI X, ZHANG X Y, et al. Intermetallics formed at interface of ultrafine grained Al/Mg bi-layered disks processed by high pressure torsion at room temperature [J]. Materials Letters, 2016, 181 (10): 187-190.

[29] ZENER C, HOLLOMON J H. Effect of strain rate upon plastic flow of steel [J]. Journal of Applied Physics, 1994, 15 (1): 22-32.

[30] YANG Y, ZHANG X M, LI Z H. Adiabatic shear band on the titanium side in the Ti/mild steel explosive cladding interface [J]. Acta Materialia, 1996, 44 (2): 561-565.

[31] ZENER C, HOLLOMON J H. Problems in non-elastic deformation of metals [J]. Journal of Applied Physics, 1946, 17 (2): 69-82.

[32] 杨扬. 金属爆炸复合技术与物理冶金 [M]. 北京: 化学工业出版社, 2005.

[33] 申利权, 杨旗, 靳丽, 等. AZ31B 镁合金在高应变速率下的热压缩变形行为和微观组织演变 [J]. 中国有色金属学报, 2014, 24 (9): 2195-2204.

[34] 刘楚明, 刘子娟, 朱秀荣, 等. 镁及镁合金动态再结晶研究进展 [J]. 中国有色金属学报, 2006, 16 (1): 1-12.

[35] 陈先华, 汪小龙, 张志华. 镁合金动态再结晶的研究现状 [J]. 兵器材料科学与工程, 2013, 36 (1): 148-152.

[36] FATEMI-VARZANEH S M, ZAREI-HANZAKI A, BELADI H. Dynamic recrystallization in AZ31 magnesium alloy [J]. Materials Science & Engineering (A), 2007, 456: 52-57.

[37] GALIYEV A, KAIBYSHEV R, GOTTSTEIN G. Correlation of plastic deformation and dynamic recrystallization in magnesium alloy ZK60 [J]. Acta Materialia, 2001, 49 (7): 1199-1207.

[38] LIU J, CUI Z S, LI C X. Modelling of flow stress characterizing dynamic recrystallization for magnesium alloy AZ31B [J]. Computational Materials Science, 2007, 41 (3): 375-382.

[39] XU F, ZHANG X Y, CHENG Y M. Study on adiabatic shear band in pure titanium subjected to dynamic plastic deformation [J]. Rare Metal Materials & Engineering, 2013, 42 (4): 801-804.

[40] BOAKYE-YIADOM S, BASSIM N. Effect of heat treatment on stability of impact-induced adiabatic shear bands in 4340 steel [J]. Materials Science & Engineering (A), 2012, 546 (6): 223-232.

[41] ZHANG N, WANG W, CAO X, et al. The effect of annealing on the interface microstructure and mechanical characteristics of AZ31B/AA6061 composite plates fabricated by explosive welding [J]. Materials & Design,

2015，65：1100-1109.

[42] 杨扬，王照明，张少睿. 爆炸复合界面层内绝热剪切带的一些冶金行为 [J]. 稀有金属材料与工程，1997，26（4）：15-19.

[43] AL-SAMMAN T，GOTTSTEIN G. Room temperature formability of a magnesium AZ31 alloy：Examining the role of texture on the deformation mechanisms-Science Direct [J]. Materials Science & Engineering（A），2008，488（1）：406-414.

[44] 丁雪征，刘天模，陈建，等. 孪晶界对 AZ31 镁合金静态再结晶的影响 [J]. 中国有色金属学报，2013（23）：1-8.

[45] LI X. YANG P，MENG L，et al. Analysis of the static recrystallization at tension twins in AZ31 magnesium alloy [J]. Acta Metallurgica Sinica，2010，46（2）：147-154.

[46] JIN Q，SHIM S Y，LIM S G. Correlation of microstructural evolution and formation of basal texture in a coarse grained Mg-Al alloy during hot rolling [J]. Scripta Materialia，2006，55（9）：843-846.

[47] TAN J C，TAN M J. Dynamic continuous recrystallization characteristics in two stage deformation of Mg-3Al-1Zn alloy sheet [J]. Materials Science & Engineering A，2003，339（1）：124-132.

[48] ZHAO H，LI P，ZHOU Y，et al. Study on the technology of explosive welding incoloy800-SS304 [J]. Journal of Materials Engineering & Performance，2011，20（6）：911-917.

[49] MOUSAVI S，SARTANGI P F. Experimental investigation of explosive welding of cp-titanium/AISI 304 stainless steel [J]. Materials & Design，2009，30（3）：459-468.

[50] GULENC B. Investigation of interface properties and weldability of aluminum and copper plates by explosive welding method [J]. Materials & Design，2008，29（1）：275-278.

[51] ZHANG X P，YANG T H，CASTAGNE S，et al. Microstructure，bonding strength and thickness ratio of Al/Mg/Al alloy laminated composites prepared by hot rolling [J]. Materials Science & Engineering（A），2011，528（4）：1954-1960.

[52] XIE M X，ZHANG L J，ZHANG G F，et al. Microstructure and mechanical properties of CP-Ti/X65 bimetallic sheets fabricated by explosive welding and hot rolling [J]. Materials & Design，2015，87：181-197.

[53] FINDIK F. Recent developments in explosive welding [J]. Materials & Design，2011，32（3）：1081-1093.

[54] BRASHER D G，BUTLER D J. Explosive welding：principles and potentials [J]. Advmaterprocesses，1995，3（3）：37-38.

[55] HOSEINI-ATHAR M M，TOLAMINEJAD B. Interface morphology and mechanical properties of Al-Cu-Al laminated composites fabricated by explosive welding and subsequent rolling process [J]. Metals & Materials International，2016，22（4）：670-680.

[56] 张婷婷，王文先，袁晓丹，等. Mg/Al 合金爆炸焊连接及其界面接合机制 [J]. 机械工程学报，2016，52（12）：52-58.

[57] CHEN S Y. Atomic diffusion across $Ni_{50}Ti_{50}$-Cu explosive welding interface：Diffusion layer thickness and atomic concentration distribution [J]. Chinese Phsysics（B），2014，23（6）：446-451.

[58] CHEN S Y，WU Z W，LIU K X，et al. Atomic diffusion behavior in Cu-Al explosive welding process [J]. Journal of Applied Physics，2013，113（4）：13-33.

[59] 谢瑞山，王文先，张婷婷，等. 镁铝爆炸焊接界面组织及微力学性能研究 [C]//中国机械工程学会. 第十一次全国热处理大会论文集. 太原：[出版者不详]，2015：924-999.

[60] MA Y，ZHANG S，WANG T，et al. Atomic diffusion behavior near the bond interface during the explosive welding process based on molecular dynamics simulations [J]. Materials Today Communications，2022，31：103552-103567.

[61] PLIMPTON S. Fast Parallel Algorithms for short-range molecular dynamics [J]. Journal of Computational Phys-

ics，1995，117（1）：1-19.

［62］ MENDELEV M I, ASTA M, RAHMAN M J, et al. Development of interatomic potentials appropriate for simulation of solid-liquid interface properties in Al-Mg alloys［J］. Philosophical Magazine，2009，89（34/36）：3269-3285.

［63］ TANAKA K. Numerical studies on the explosive welding by smoothed particle hydrodynamics（SPH）［C］// Aip Conference. American Institute of Physics，2007：1301-1304.

［64］ MOUSAVI A, JOODAKI G. Explosive welding simulation of multilayer tubes［C］. Verona：Intconfon Computplast，2005.

［65］ AKBARI-MOUSAVI S, BARRETT L M, AL-HASSANI S. Explosive welding of metal plates［J］. Journal of Materials Processing Technology，2008，202（1/3）：224-239.

［66］ ROHATGI A, HARACH D J, VECCHIO K S, et al. Resistance-curve and fracture behavior of Ti-Al3Ti metallic-intermetallic laminate（MIL）composites［J］. Acta Materialia，2003，51（10）：2933-2957.

［67］ KONIECZNY M, MOLA R, THOMAS P, et al. Processing, Microstructure and properties of laminated Ni-Intermetallic composites synthesised using Ni sheets and Al foils［J］. Archives of Metallurgy & Materials，2011，56（3）：693-702.

［68］ THIYANESHWARAN N, SIVAPRASAD K, RAVISANKAR B. Work hardening behavior of Ti/Al-based metal intermetallic laminates［J］. International Journal of Advanced Manufacturing Technology，2017，93（1/4）：361-374.

［69］ FRONCZEK D M, CHULIST R, LITYNSKA-DOBRZYNSKA L, et al. Microstructure and kinetics of intermetallic phase growth of three-layered A1050/AZ31/A1050 clads prepared by explosive welding combined with subsequent annealing［J］. Materials & Design，2017：120-130.

［70］ LASHGARI H R, CADOGAN J M, CHU D, et al. The effect of heat treatment and cyclic loading on nanoindentation behaviour of FeSiB amorphous alloy［J］. Materials & Design，2016，92（4）：919-931.

［71］ YAN F K, ZHANG B B, WANG H T, et al. Nanoindentation characterization of nano-twinned grains in an austenitic stainless steel［J］. Scripta Materialia，2016，11：112-115.

［72］ 张泰华. 微/纳米力学测试技术［M］. 北京：科学出版社，2013.

［73］ ZHANG L J, QIANG P, ZHANG J X, et al. Study on the microstructure and mechanical properties of explosive welded 2205/X65 bimetallic sheet［J］. Materials & Design，2014，64（9）：462-476.

［74］ KACAR R, MUSTAFA A. An investigation on the explosive cladding of 316L stainless steel-din-P355GH steel［J］. Journal of Materials Processing Technology，2004，152（1）：91-96.

［75］ MOUSAVI S, AL-HASSANI S, ATKINS A G. Bond strength of explosively welded specimens［J］. Materials & Design，2008，29（7）：1334-1352.

［76］ LI X, WEI L, ZHAO X, et al. Bonding of Mg and Al with Mg-Al eutectic alloy and its application in aluminum coating on magnesium［J］. Journal of Alloys & Compounds，2009，471（1/2）：408-411.

［77］ LIU L M, ZHAO L M, XU R Z. Effect of interlayer composition on the microstructure and strength of diffusion bonded Mg/Al joint［J］. Materials & Design，2009，30（10）：4548-4551.

［78］ ZHAO L M, ZHANG Z D. Effect of Zn alloy interlayer on interface microstructure and strength of diffusion-bonded Mg-Al joints［J］. Scripta Materialia，2008，58（4）：283-286.

［79］ MAHENDRAN G, BALASUBRAMANIAN V, SENTHILVELAN T. Developing diffusion bonding windows for joining AZ31B magnesium-AA2024 aluminium alloys［J］. Materials & Design，2009，30（4）：1240-1244.

［80］ AZIZI A, ALIMARDAN H. Effect of welding temperature and duration on properties of 7075 Al to AZ31B Mg diffusion bonded joint［J］. Transactions of Nonferrous Metals Society of China，2016，26（1）：85-92.

［81］ LIU L M, REN D X. A novel weld-bonding hybrid process for joining Mg alloy and Al alloy［J］. Materials &

Design, 2011 32 (7): 3730-3735.

[82] JAFARIAN M, RIZI M S, JAFARIAN M, et al. Effect of thermal tempering on microstructure and mechanical properties of Mg-AZ31/Al-6061 diffusion bonding [J]. Materials Science & Engineering A, 2016, 666: 372-379.

[83] AFGHAHI S, JAFARIAN M, PAIDAR M, et al. Diffusion bonding of Al 7075 and Mg AZ31 alloys: Process parameters, microstructural analysis and mechanical properties [J]. Transactions of Nonferrous Metals Society of China, 2016, 26 (7): 1843-1851.

[84] PRASANTHI T N, SUDHA C, RAVIKIRANA, et al. Explosive cladding and post-weld heat treatment of mild steel and titanium [J]. Materials & Design, 2016, 93: 180-193.

[85] LAZURENKO D V, BATAEV I A, MALI V I, et al. Explosively welded multilayer Ti-Al composites: Structure and transformation during heat treatment [J]. Materials & design, 2016, 102: 122-130.

[86] WANG L, WANG Y, PRANGNELL P, et al. Modeling of intermetallic compounds growth between dissimilar metals [J]. Metallurgical & Materials Transactions (A), 2015, 46 (9): 4106-4114.

[87] MOUSAVI S A A, SARTANGI F. Effect of post-weld heat treatment on the interface microstructure of explosively welded titanium-stainless steel composite [J]. Materials Science & Engineering A, 2008, 580/582: 29-32.

[88] LEE K S, KIM J S, JO Y M, et al. Interface-correlated deformation behavior of a stainless steel-Al-Mg 3-ply composite [J]. Materials Characterization, 2013, 75: 138-149.

[89] STERN A, SHRIBMAN V, BEN-ARTZY A, et al. Interface phenomena and bonding mechanism in magnetic pulse welding [J]. Journal of Materials Engineering & Performance, 2014, 23 (10): 3449-3458.

[90] FINDIK F, YILMAZ R, SOMYUREK T. The effects of heat treatment on the microstructure and microhardness of explosive welding [J]. Scientific Research & Essays, 2011, 6 (19): 4141-4151.

[91] MORIZONO Y, YAMAGUCHI T, TSUREKAWA S. Aluminizing of high-carbon steel by explosive welding and subsequent Heat Treatment [J]. Isij International, 2015, 55 (1): 272-277.

[92] PINAEV V G, KIRYUSHOV V V, RYABTSEV I A, et al. Structure and heat treatment of steel 45-R6M5 bimetal prepared by explosive welding [J]. Metal Science & Heat Treatment, 1989, 31 (10): 794-797.

[93] GUI Z X, WANG K, ZHANG Y S, et al. Cracking and interfacial debonding of the Al-Si coating in hot stamping of pre-coated boron steel [J]. Applied Surface Science, 2014, 316 (10): 595-603.

[94] KOBAYASHI S, YAKOU T. Control of intermetallic compound layers at interface between steel and aluminum by diffusion-treatment [J]. Materials Science & Engineering (A), 2002, 338 (1/2): 44-53.

第4章

铝/镁/铝合金爆炸焊接
复合板的界面连接行为

4.1 引言

考虑镁合金材料服役环境的双侧耐蚀防护需求，提出三明治结构的铝/镁/铝合金材的爆炸焊接复合板的制备。对比镁/铝合金爆炸焊接复合板的宏观和微观形貌特征，表征分析铝/镁/铝合金复合板的外观质量、组织演变和力学性能；阐释垂直放置装配形式下，爆轰波传播方式以及反射波和二次反射波的叠加、干涉作用对复合板边裂缺陷的影响规律；结合数值模拟结果，分析铝/镁/铝合金复合板制备的特点，进一步提出边裂缺陷的改进措施。

4.2 复合板的制备工艺

铝/镁/铝合金爆炸焊接复合板采用平行放置法一次爆炸焊接成形，制备出三明治结构的复合板。复合板装配借助木质支架结构固定基板镁合金和上、下覆板铝合金，以保证均匀的板间距及炸药量铺放空间，如图4-1所示。利用木质支架辅助固定铝/镁/铝合金复合板的组

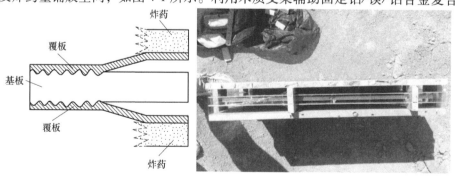

a)   b)

图4-1　铝/镁/铝合金爆炸焊接复合板一次成型图

a）示意图　b）组坯装配实物图

坏，其中基板 AZ31B 镁合金板材放置于中间部位，分别将覆板 6061 铝合金板材放置于上、下两侧。覆板 6061 铝合金板材的尺寸为 350mm×650mm×2mm；基板 AZ31B 镁合金板材的尺寸为 300mm×600mm×10mm。

对比镁/铝/镁合金爆炸焊接复合板和镁/铝合金爆炸焊接复合板的制备，两者组坯方式有明显差异，即铝/镁/铝合金爆炸焊接复合板采用"平行组坯+垂直放置"的成形方式。该装配方式特点为：两侧覆板外层铺放的炸药厚度通过木质框架挡板进行调控；放置两个雷管，同时对两侧炸药进行引爆，使两侧同时进行爆炸焊接复合成形。铝/镁/铝合金复合板爆炸焊接制备的实验参数见表 4-1。

表 4-1　铝/镁/铝合金复合板爆炸焊接制备的实验参数

名称	基板厚度/mm	覆板厚度/mm	炸药覆板质量比	炸药厚度/mm	间隙距离/mm
参数	10	2	1.0	6	3

同时，采用 AUTODYN 模块对铝/镁/铝合金复合板的爆炸焊接成形进行数值模拟，采用光滑粒子流体动力学方法（SPH）。在模型中选用 Mie-Gruneisen 状态方程作为铝/镁合金在数值模拟过程中的本构方程；选用的 Steinberg-Guinan 强度模型能有效地描述材料在大变形情况下的塑性变形行为。采用爆轰波的 C-J 理论表示炸药的爆轰作用，而爆轰产物的状态方程采用 JWL（Jones-Wilkins-Lee）状态方程。

4.3　复合板的宏观形貌特征

采用一次爆炸焊接成形制备获得的铝/镁/铝合金爆炸焊接复合板的宏观形貌如图 4-2 所示。采用超声探伤对层状金属复合板的层间复合率进行检测，得到复合板的良好接合区如图 4-2a 所示。

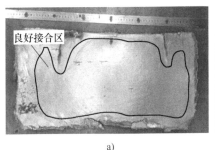 

a)　　　　　　　　　　　　　　　　　　b)

图 4-2　铝/镁/铝合金爆炸焊接复合板的宏观形貌

a）复合板上表面形貌　b）复合板横截面形貌

对比镁/铝合金爆炸焊接复合板的宏观形貌可以发现：铝/镁/铝合金爆炸焊接复合板的复合率低，且边裂现象更为明显；该复合板四周边缘出现的边裂现象包括典型的层裂缺陷、角裂缺陷和边裂缺陷；这与镁/铝合金爆炸焊接复合板的宏观形貌有明显差异，推测其原因可能是由于其垂直放置的装配方式造成的。

4.4　复合板的边裂现象及原因

4.4.1　爆炸焊接过程中的应力波作用

镁/铝合金爆炸焊接复合板制备时，基板镁合金放置于地基上；而在铝/镁/铝合金爆炸焊接复合板制备过程中，基板、覆板及覆板表面的炸药采用平行铺放的方式，但是差别是这三者均借助木质支架垂直放置于地基上。即铝/镁/铝合金复合板在爆炸焊接制备过程中，覆板对基板的碰撞冲击作用是在悬空状态下完成的，因此爆炸冲击导致的应力波传播对复合板界面连接过程及边裂更为明显。

爆炸焊接过程中，由于地基的波阻抗与复合板波阻抗的不同匹配关系，可以引起焊接过程中基覆板碰撞所产生的应力波在地基表面的反射与透射，从而改变其强度与方向，影响复合板的爆炸焊接质量。根据一维波传播与反射透射理论，爆炸焊接产生的压缩冲击波在由复合板向地基传播的过程中，会在地基中引起压力和质点运动的传播，即产生透射波，同时在已焊合的复合板上产生反射波。

1) 为了分析简单，做如下假设[1]：

① 为了 Y 轴方向研究方便，假设爆炸焊接基板、覆板高速碰撞产生的应力波为平面波，并沿着与连接界面垂直的方向向下传播。

② 应力波传播过程中所产生的热效应等所消耗的能量忽略不计。

由假设可知，覆板与基板碰撞过程中产生了一个纵向平面波，即入射应力波 δ_1，到达基板与地基界面时，一部分应力波将透射复合板传播给地基，产生透射应力波 δ_T，而另一部分应力波在地基表面被反射回来，形成反射应力波 δ_R。

令 ρ_1、c_1 分别为复合板的密度与波速，ρ_2、c_2 分别为地基的密度与波速。根据应力波和质点速度连续的边界条件，可计算出反射应力和透射应力，其关系为

$$\frac{\delta_R}{\delta_1} = \frac{\rho_2 c_2 - \rho_1 c_1}{\rho_2 c_2 + \rho_1 c_1} \quad \frac{\delta_T}{\delta_1} = \frac{2\rho_2 c_2}{\rho_1 c_1 + \rho_2 c_2} \tag{4-1}$$

令 A_1 为复合板的波阻抗，$A_1 = \rho_1 c_1$；A_2 为地基的波阻抗，$A_2 = \rho_2 c_2$，则

$$\frac{\delta_R}{\delta_1} = \frac{A_2 - A_1}{A_2 + A_1} \quad \frac{\delta_T}{\delta_1} = \frac{2A_2}{A_1 + A_2} \tag{4-2}$$

2) 根据 A_2 大小的不同，爆炸焊接过程中应力波在复合板与地基界面处的传播方式有以下不同：

① $A_2 < A_1$。地基波阻抗小于复合板的波阻抗，即爆炸焊接过程中复合板与地基的碰撞是由"硬"到"软"的过程。界面处反射的应力波减小，而透射应力波传入地基。一般情况下，采用砂土地基的波阻抗小于复合板的波阻抗，地基在提供足够支撑力的同时也起到了"吸能"的作用。

② $A_2 > A_1$。地基波阻抗大于复合板波阻抗，即爆炸焊接过程中复合板与地基的碰撞是由"软"到"硬"的过程。

③ $A_2 = 0$。基板底面出现临空面或空穴，则 $\delta_R = -\delta_1$，压应力波全部反射为拉应力波。将造成底部反射的拉伸波接近碰撞产生的压应力的强度，使得连接界面产生局部高温，结合

界面未完全成形时被拉开，焊接质量下降乃至完全失败。

④ $A_2=\infty$。地基波阻抗极大，此时 $\delta_R=\delta_1$，反射应力与入射应力的大小相同，$\delta_T=2\delta_1$，即透射应力波大小为入射应力的 2 倍，相当于弹性波碰撞刚壁，反射应力峰值无衰减，地基完全没有吸收能量，复合板会非常容易出现断裂和角裂。

综上理论分析可知，应力波在复合板中的传播，特别是对复合板爆炸焊接过程有显著的影响。因此，地基的存在可以很好地吸收复合板中的应力波，从而大大减少应力波对复合板的破坏。然而，本研究采用的铝/镁/铝合金复合板的爆炸焊接装配方式选择的是垂直放置，即爆炸复合过程中，基板和覆板一直为悬空状态，缺失了地基对应力波的吸收作用过程，导致复合板内的应力波无法被吸收，只能通过在复合板中的传播进行耗散。

这一理论推测可根据图 4-3 所示的铝/镁/铝合金爆炸焊接复合板边裂形貌图进一步佐证。可以发现，铝/镁/铝复合板表面应力波的传播轨迹非常明显，说明在爆炸焊接过程中由于该复合板缺失地基的吸能作用，导致应力波在复合板上传播，从而留下"痕迹"。

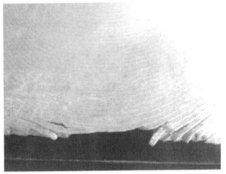

图 4-3 铝/镁/铝合金爆炸焊接复合板边裂形貌图

此外，可以进一步推测，即使采用同样的垂直放置装配方式，相较于双层金属复合板的制备，应力波传播作用造成的边裂缺陷比三层金属复合板制备更为严重。因为在爆炸焊接复合制备三层金属复合板的过程中，支持力由两侧覆板与基板的碰撞能量提供，为了尽量保证三层金属复合板在焊接过程中的稳定，两侧焊接参数应相同，以保证焊接过程的对称性，即在理想情况下，两侧应力波应是对称分布和传播的。

但是，实际情况是即使并联的两侧炸药同时引爆，对于中间层的基板，两侧覆板均对其产生应力波，因此在基板内部一定会发生波的碰撞。根据弹性波相互作用的原理，两波相遇相当于两弹性板共轴撞击，也称为内撞击。根据叠加原理有：

$$v_3=v_1+v_2 \tag{4-3}$$
$$\delta_3=\delta_1+\delta_1 \tag{4-4}$$

其中，$v_1=-v_2$，$\delta_1=\delta_2$，因此当两个应力波相碰时，反射波为入射波的正像，碰撞点速度为零，且产生双倍应力（刚壁碰撞应力加倍），即等同于刚壁碰撞的情况，如同前面提到的 $A_2=\infty$ 的情况，反射应力波与入射应力波的大小相等、方向相反。反射波在峰值无衰减的情况下反射至复合板的边缘，又由于焊接过程是悬空的，外界阻抗为零，入射压力波在表面反射，反射波为入射波的倒像；又如同前面提到 $A_2=0$ 的情况，压力波在无衰减的情况下反射为拉应力波，对复合板产生拉应力，拉开刚焊合的界面，整个过程在理想状态下的反射是不衰减的,应力波在复合板中的耗散只能通过在复合板中传播所产生的能量耗散。

因此,在三层金属复合板爆炸焊接过程中,应力波(在理想状态下)对焊接复合制备可行性及复合板的焊接质量可靠性影响很大。

4.4.2 应力波作用下的反射断裂现象

针对铝/镁/铝合金爆炸焊接复合板边缘出现的层裂、角裂和边裂缺陷的成因,进行理论分析。这三种缺陷根本上均与应力波的反射有关,一般统称为反射断裂。其原因主要是复合板在爆炸焊接过程中,入射压力波反射后无衰减,且反射的压应力波向复合板自由表面传播,所以复合板边界处会发生各种反射断裂[2]。图4-4所示为铝/镁/铝合金复合板在爆炸焊接过程中应力波传播方式示意图。

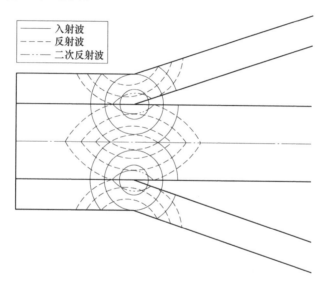

图4-4　铝/镁/铝合金复合板在爆炸焊接过程中应力波传播方式示意图[2]

当压力脉冲在复合板的自由表面反射成拉伸脉冲时,可能在临近自由表面的某处造成相当高的拉应力,一旦满足某动态断裂准则,就会在该处引起材料的破裂;当裂口足够大时,整块裂片便带着陷入其中的动量飞离。这种由压力脉冲在自由表面反射所造成的动态断裂称为层裂或崩落,飞出的裂片称为层裂片或痂片。对于大多数工程材料,往往能承受相当强的压应力波,但不能承受同样强度的拉应力波。而爆炸焊接过程中,复合板连接界面处强度比基体强度弱,因此在拉应力作用下,已焊合的界面容易在拉应力作用下被撕开,即覆板与基板的连接界面受拉应力作用使层间撕裂。图4-5所示为铝/镁/铝合金爆炸焊接复合板层裂形貌图。

如果压应力波在两自由表面反射的卸载拉伸波在物体的中心部分相遇,则可能导致心裂。而当该现象发生于复合板边界处,自由表面的拉伸波与基材的压应力波在复合板边界相遇,形成边裂。由于铝/镁/铝合金复合板采用一次爆炸焊接成形,复合板中还存在由两侧应力波刚壁碰撞(一般爆炸焊接为地基反射)产生的反射波,因此边裂现象尤其明显。图4-6所示为自由表面反射的拉伸波与其他应力波碰撞,导致边裂产生的示意图,图4-7所示为对应的铝/镁/铝合金爆炸焊接复合板边裂形貌图。

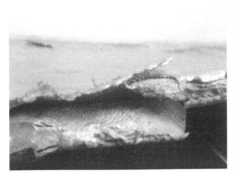

图 4-5　铝/镁/铝合金爆炸焊接复合板层裂形貌图

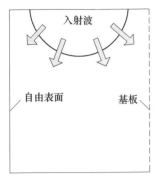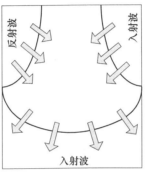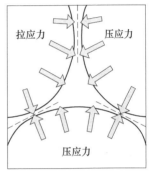

图 4-6　边裂产生的示意图[2]

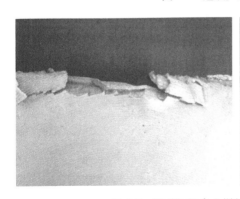

图 4-7　铝/镁/铝合金爆炸焊接复合板边裂形貌图

与层裂中压力脉冲的反射卸载波与入射卸载波相互作用后产生拉应力从而导致复合板断裂的情况类似，当压应力波向由两自由表面相交构成的角部传播时，两自由表面所反射的卸载拉伸波相遇也可能导致复合板断裂，称为角裂。图 4-8 所示为铝/镁/铝合金复合板爆炸焊接时角裂产生的示意图，图 4-9 所示为铝/镁/铝合金复合板爆炸焊接角裂形貌图。

4.4.3　应力波影响的数值模拟研究

采用数值模拟的方法探讨了一次爆炸焊接成形方法制备铝/镁/铝合金复合板的过程，结合应力波作用过程进一步解释了其对复合板反射断裂、边裂和角裂现象形成的原因。其中，数值建模选择的核心参数为：基板厚度为 5mm，覆板厚度为 3mm。

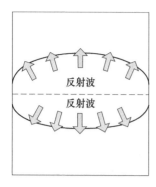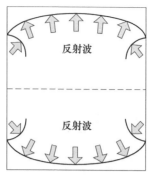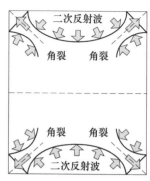

图 4-8　铝/镁/铝合金复合板爆炸焊接时角裂产生的示意图[2]

图 4-9　铝/镁/铝合金复合板爆炸焊接角裂形貌图

图 4-10 所示为数值模拟爆炸焊接过程中的层裂形貌图，层裂形貌特征表现为复合板的

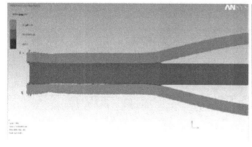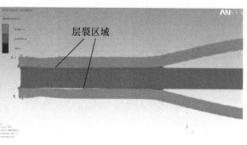

a)　　　　　　　　　　　　　　　　b)

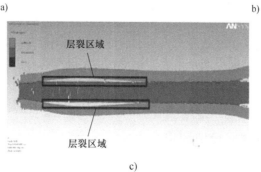

c)

图 4-10　铝/镁/铝合金复合板数值模拟爆炸
焊接过程中的层裂形貌图（基板厚度为 5mm）[2]

对称基板/覆板连接界面在爆炸焊接过程中出现的明显被层间撕开的现象。结合图 4-11 所示的应力分布云图可以发现，层间连接界面被撕开处存在较大的拉应力。这是由于复合板对称侧爆炸焊接所产生的应力波经碰撞完全反射转变为拉应力，使得复合板连接界面处产生覆板被拉开的层裂而产生的。

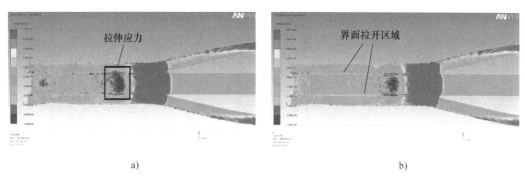

a)   b)

图 4-11 铝/镁/铝合金复合板数值模拟爆炸焊接过程中层裂时对应的应力云图（基板厚度为 5mm）[2]

同时，采用数值模拟的方法对铝/镁/铝合金爆炸焊接复合板出现的层裂和边裂现象进行了数值建模分析，得到如图 4-12 所示的结果。

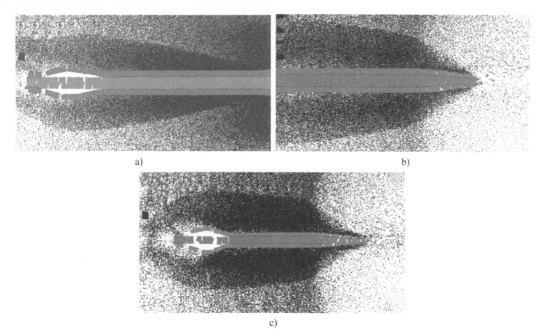

a)   b)

c)

图 4-12 铝/镁/铝合金爆炸焊接复合板制备过程中层裂和边裂现象的
数值建模分析结果（基板厚度为 5mm）[2]
a）层裂现象 b）边裂现象 c）界面发生层裂和边裂现象的宏观形貌

如图 4-12 所示，爆炸焊接过程中，随着爆炸焊接的完成，在复合板的起始和末端边缘处均出现了明显的边裂现象。该现象表现为复合板的层间连接界面被拉开及局部出现基板与覆板金属的断裂形貌。分析其原因，主要是爆轰波作用反射产生的应力波直接作用于基板镁合金，导致镁合金基板内部出现断裂。图 4-13 所示为镁合金基板上局部断裂微区的应力分布云图。

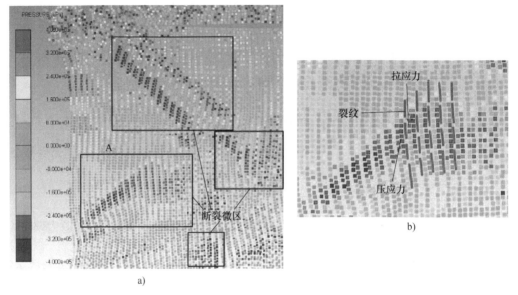

a)

图 4-13　镁合金基板上局部断裂微区的应力分布云图（基板厚度为 5mm）[2]

a）复合板应力分布的宏观形貌　b）A 区域的局部放大

　　如图 4-13 所示，边裂现象是应力波产生的压应力与拉应力共同作用，于基板内部产生裂纹，并不断在应力作用下扩大，最终产生断裂的现象。数值模拟过程中的应力作用现象与前述的应力波理论分析边裂产生现象一致。

　　为了进一步探讨应力波在基板内传播作用对边裂、角裂和层裂的影响，将基板厚度增加进行对比数值模拟分析。采用除基板厚度外的相同爆炸焊接参数，即将基板镁合金厚度增加为 15mm 时进行铝/镁/铝合金复合板的爆炸焊接过程数值模拟，得到如图 4-14 所示的结果。由图 4-14 可以发现：增加基板厚度时，可以获得界面复合率高且无层裂、边裂和角裂缺陷的铝/镁/铝合金复合板。

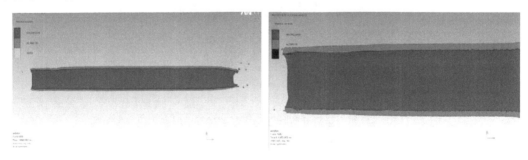

图 4-14　（基板厚度为 15 mm）铝/镁/铝合金复合板数值模拟爆炸焊接过程中的形貌图[2]

　　综上分析，对于采用"平行组坯+垂直放置"方式制备铝/镁/铝合金复合板的爆炸焊接复合技术，由于其垂直放置方式决定了其缺失地基对爆轰波作用的吸能，而导致爆轰波传播在基板与覆板的作用界面更为复杂，尤其是反射波和二次反射波的叠加作用对复合板的复合率及产生层裂、边裂和角裂缺陷的影响更为明显。其改善措施是增加基板的厚度，可在一定程度上改善其制备复合板的质量。

4.5　复合板连接界面的形貌特征

图 4-15 所示为采用"平行组坯+垂直放置"的一次爆炸焊接成形方法制备的铝/镁/铝合金复合板连接界面结合区的横截面形貌图。如图 4-15a 所示，复合板的两侧堆成铝/镁合金连接界面均呈现明显的波形界面形貌。图 4-15b 所示为铝/镁合金复合板连接界面处的局部放大图，其结合界面处未出现未结合、局部熔化等缺陷。

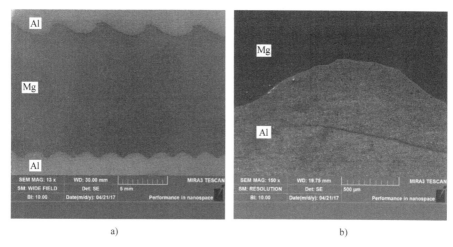

a)　　　　　　　　　　　　　b)

图 4-15　铝/镁/铝合金复合板连接界面结合区的横截面形貌图

进一步采用 EDS 线扫描对该复合板连接界面处的成分分布进行分析，得到的结果如图 4-16 所示。由图 4-16 可知：铝/镁合金复合板连接界面处发生了明显的扩散现象，扩散层的厚度大约为 1.5μm。而 EDS 线扫描曲线并不存在明显的阶梯现象，因此扩散并没有生成金属间化合物这种硬脆相。一般而言，异质金属连接界面发生一定的元素互扩散且不形成金属间化合物相，利于界面结合性能[3]。

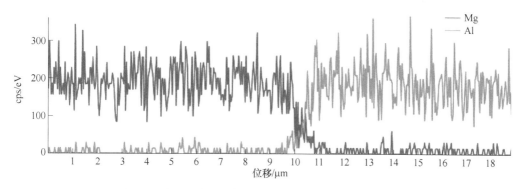

图 4-16　镁/铝合金复合板连接界面处的 EDS 线扫描结果

图 4-17 所示为镁/铝/镁合金复合板爆炸焊接过程连接界面形貌的数值模拟结果。

图 4-17a 为复合板横截面宏观形貌图，对复合板对称侧的镁/铝合金连接界面形貌进行局部放大，分别得到如图 4-17b~d 所示的结果。

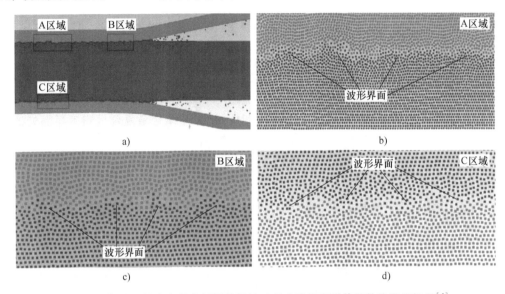

图 4-17　镁/铝/镁合金复合板爆炸焊接过程连接界面形貌的数值模拟结果[4]

a）宏观形貌图　b）A 区域放大图　c）B 区域放大图　d）C 区域放大图

由图 4-17a 可以发现，在对称侧的镁/铝合金连接界面均形成了射流粒子，且射流粒子是镁、铝合金基体共同形成的；同时，对称侧镁/铝合金连接界面均呈现典型的波形界面特征。由图 4-17b~c 可以进一步发现：波形界面局部微区出现了典型的旋涡结构。图 4-18 所示为一侧镁/铝合金复合板连接界面的形貌。对比图 4-17 和图 4-18 可以发现：数值模拟结果和金相组织分析结果一致。

综上分析，对于采用一次爆炸焊接成形方法制备的铝/镁/铝合金复合板，其复合板连接界面的形貌结构特征与镁/铝合金复合

图 4-18　一侧镁/铝合金复合板
连接界面的形貌[5]

板爆炸焊接制备一致。因此，关于铝/镁/铝合金复合板波形界面的形成过程、影响因素，以及复合板连接界面的连接机理等均可参考第 3 章的研究思路，本章不再赘述。

4.6　复合板的力学性能

4.6.1　复合板显微硬度分布

采用维氏硬度计对铝/镁/铝合金复合板的横截面显微硬度分布进行测试分析，结果如

图 4-19 所示。

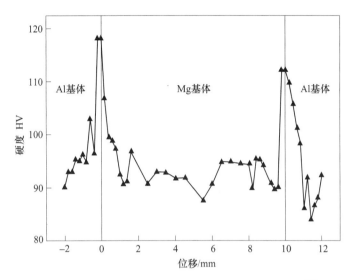

图 4-19　铝/镁/铝合金复合板的横截面显微硬度分布[5]

由图 4-19 可以发现，相较于镁合金和铝合金基体，对称侧波形界面处的显微硬度明显升高，且对称侧界面处的显微硬度峰值相近，分别为 112HV 和 118HV；随着逐渐距连接界面处位移的增加，显微硬度值逐渐降低。这与镁/铝合金复合板的显微硬度分布规律相似，主要是爆炸焊接过程中，复合板近界面区的铝、镁合金金属发生了强烈塑性变形，导致加工硬化，进而使得连接界面显微硬度值升高；但随着逐渐远离连接界面，金属的塑性变形逐渐减小，基体材料的显微硬度值降低。这是爆炸焊接复合制备技术的共性特征，其根本原因均是近界面区基体金属在爆轰波作用下发生严重塑性变形而发生加工硬化[6-8]。Yan[9] 等人的研究发现也证实，对于密排六方晶体结构的镁合金，由于室温滑移系少、塑性较差，变形过程中位错很难开动，爆炸焊接过程中镁合金侧将产生更加剧烈的加工硬化，因而显微硬度的极值一般出现在近界面区的镁合金一侧。

4.6.2　复合板连接界面结合强度

为了表征铝/镁/铝合金复合板的连接界面结合强度，分别对两侧连接界面进行压-剪试验，得到的平均抗剪强度分别为 92MPa 和 91MPa，该值比镁/铝合金复合板的抗剪强度低。这主要是由爆炸焊接参数和爆炸焊接组坯方式共同决定的，受所制备复合板波形界面的尺寸、旋涡结构和局部微裂纹缺陷共同影响。对压-剪试样断口进行 SEM 观察分析，得到如图 4-20 所示的结果。

图 4-20a 和 b 所示为两侧对称的镁/铝合金复合板连接界面断口的低倍宏观形貌，可以发现，明、暗相间的"条带"贯穿着整个连接界面并呈均匀分布，这是爆炸焊接过程中铝合金板与镁合金板剧烈碰撞形成的周期性波形轮廓。图 4-20c 和 d 所示为高倍下的局部放大形貌，可以发现，断口界面周围存在微裂纹，这些裂纹将断口分割成许多硬壳状的碎块，呈现出许多小刻面和解理台阶，表现出解理断裂的特征，这是由于在较大爆炸冲击载荷作用下，连接界面形成的局部熔化区和硬脆金属间化合物相导致的。

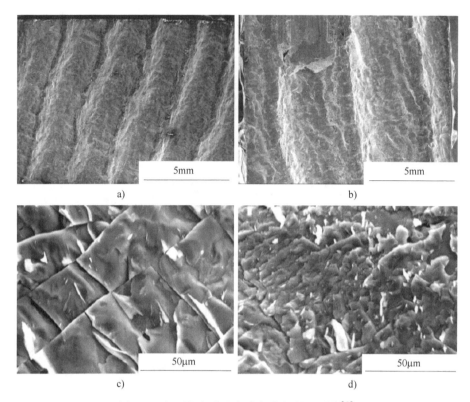

图 4-20   铝/镁/铝合金复合板剪切断口形貌[5]

4.7   本章小结

本章以铝/镁/铝合金复合板的爆炸焊接复合为例,分析了爆炸焊接组坯方式与焊接边裂、层裂和角裂缺陷的影响关系;通过数值模拟的方法讨论了应力波传递对复合板连接界面形成及缺陷形成的影响。得出以下几点主要结论:

1)采用对称组坯和垂直放置的方式,可以实现铝/镁/铝合金复合板的一次爆炸焊接复合制备。但是,对比镁/铝合金复合板,铝/镁/铝合金复合板的界面结合率低,且在复合板的四周出现了不同程度的边裂、角裂和层裂缺陷。

2)通过数值模拟,探讨了爆炸焊接过程中波形界面的形成过程,以及焊接缺陷形成原因。它主要是由于垂直放置的爆炸焊接装配方式缺少地基对爆轰波的吸能,导致基板与覆板金属连接界面受入射波与反射波、入射波与二次反射波及三者相互叠加的作用影响严重;此外,通过数值模拟分析,提出通过增加基板厚度可以避免或一定程度上减少反射波叠加作用的影响,进而提高复合板界面结合率,减小边裂、角裂和层裂等焊接缺陷。

3)铝/镁/铝合金复合板的连接界面形貌呈对称分布特征,即均呈现波形界面结构,并伴随局部旋涡结构特征;通过对硬度和抗剪强度的分析,证实了复合板对称侧连接界面处的硬度明显高于两侧基体金属的硬度值;两侧波形界面的结合强度相近。

参 考 文 献

［1］ GREENBERG B A, IVANOV M A, PUSHKIN M S, et al. Formation of intermetallic compounds during explo-sive welding ［J］. Metallurgical & Materials Transactions（A）, 2016, 47（11）: 5461-5473.

［2］ 魏屹. 铝/镁/铝合金复合板爆炸焊接数值模拟及制备 ［D］. 太原: 太原理工大学, 2018.

［3］ 张婷婷, 王文先, 袁晓丹, 等. Mg/Al 合金爆炸焊连接及其界面接合机制 ［J］. 机械工程学报, 2016, 52（12）: 52-58.

［4］ 魏屹, 王永祯, 王文先, 等. 一次爆炸焊接制备铝/镁/铝合金复合板的数值模拟 ［J］. 机械工程学报, 2019, 55（14）: 37-42.

［5］ 杨文武. Al/Mg/Al 复合板的制备及其界面行为与性能的研究 ［D］. 太原: 太原理工大学, 2019.

［6］ ACARER M, GÜLEN B, FINDIK F. Investigation of explosive welding parameters and their effects on micro-hardness and shear strength ［J］. Materials & Design, 2003, 24（8）: 659-664.

［7］ HONARPISHEH M, ASEMABADI M, SEDIGHI M. Investigation of annealing treatment on the interfacial properties of explosive-welded Al/Cu/Al multilayer ［J］. Materials & Design, 2012, 37（3）: 122-127.

［8］ MENDES R, RIBEIRO J B, LOUREIRO A. Effect of explosive characteristics on the explosive welding of stainless steel to carbon steel in cylindrical configuration ［J］. Materials & Design, 2013, 51（51）: 182-192.

［9］ YAN Y B, ZHANG Z W, SHEN W, et al. Microstructure and properties of magnesium AZ31B-aluminum 7075 explosively welded composite plate ［J］. Materials Science & Engineering（A）, 2010, 527（9）: 2241-2245.

第5章

镁/铜合金爆炸焊接复合板的界面连接行为

5.1 引言

基于铜合金优异的导电特性，提出镁/铜合金爆炸焊接复合板的制备工艺。基于铜合金和镁合金组元的物理、化学和力学属性差异，重点探讨镁/铜合金复合板类波形界面的形成过程、影响因素及连接界面的接合机理。

5.2 复合板的制备工艺与数值建模

5.2.1 制备工艺

采用平行放置法进行镁/铜合金复合板的爆炸焊接复合试验，基板为 AZ31B 镁合金板材，板材尺寸为 300mm×600mm×10mm；覆板为 H68 黄铜板材，板材尺寸为 350mm×650mm×3mm。采用爆炸焊接工艺制备镁/铜合金复合板时，覆板与基板的间距为 4mm，炸药量厚度为 25mm。

对原始镁合金和铜合金板材的金相组织进行金相观察分析，其金相组织形貌如图 5-1 所示。由图 5-1 可以发现，AZ31B 镁合金为退火态再结晶组织，呈多边形晶粒形貌，平均晶粒尺寸约为 20μm；H68 铜合金为规则的多边形晶粒形貌（α+β 相）。H68 铜合金板材和AZ31B 镁合金板材的化学成分和室温力学性能见表 5-1~表 5-3。

表 5-1　H68 铜合金板材的化学成分　　　　　（质量分数，%）

材料	Cu	Zn	Fe	P	Pb	Sb	Bi
H68 黄铜	68.0	其余	0.15	0.01	0.08	0.005	0.002

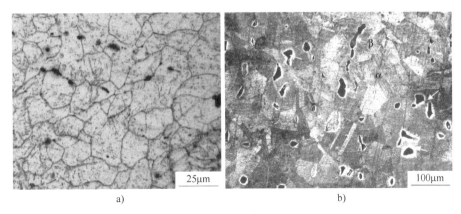

a)　　　　　　　　　　　　　　b)

图 5-1　原始镁合金板材和铜合金板材的金相组织形貌

a) AZ31B 镁合金　b) H68 铜合金

表 5-2　AZ31B 镁合金板材的化学成分　　　　　　（质量分数,%）

材料	Mn	Mg	Zn	Si	Fe	Al
AZ31B 镁合金	0.63	其余	1.10	0.10	0.005	3.02

表 5-3　H68 铜合金板材和 AZ31B 镁合金板材的室温力学性能

材料	抗拉强度 R_m/MPa	屈服强度 R_p/MPa	伸长率 $A(\%)$	硬度 HV
H68 铜合金	330	202	18	128
AZ31B 镁合金	238	152	13	73

5.2.2　数值建模

本研究采用 ANSYS/AUTODYN 软件进行数值建模,分析爆炸焊接过程波形界面的形成过程和应力-应变场、温度场分布。光滑粒子流体动力学方法（SPH）是一种无网格划分的拉格朗日流体动力学技术,已证实该模型适用于爆炸焊接过程的数值模拟[1-4]。

对镁/铜合金复合板的爆炸焊接过程进行数值模拟时,建立了一个简化的数值模型,其中试验用铵油炸药（ANFO）的爆炸复合作用过程简化为覆板与基板的倾斜碰撞作用,即用碰撞速度 v_p 和倾斜碰撞角 β 表示。v_p 和 β 的值可根据式（5-1）和式（5-2）[5]并结合爆炸焊接参数进行计算,得出 $v_p = 653 \text{m/s}$,$\beta = 15°$。

$$v_p = 1.2 v_d \left[\frac{\sqrt{\left(1 + \dfrac{32}{27} R'\right)} - 1}{\sqrt{\left(1 + \dfrac{32}{27} R'\right)} + 1} \right] \tag{5-1}$$

$$v_p = 2 v_d \sin \frac{\beta}{2} \tag{5-2}$$

5.3 复合板连接界面形貌特征

在爆炸冲击载荷作用下制备的铜/镁合金复合板连接界面的 SEM 和 EDS 结果如图 5-2 所示。由图 5-2a 所示的铜/镁连接界面形貌可以发现：沿着爆炸焊接方向，连接界面的形貌呈现"类波形"界面；其连接界面形成一层明显的过渡层，且过渡层厚度不均。该"类波形"界面结构形貌与传统的爆炸焊接波形界面有明显差别，如镁/铝合金界面[6-9]、Ti/Al 合金界面[10,11]、Inconel 625/碳钢界面[12]、低碳钢/中碳钢界面[13]、镁/钛界面[14] 和 Al/Cu 界面[15]。

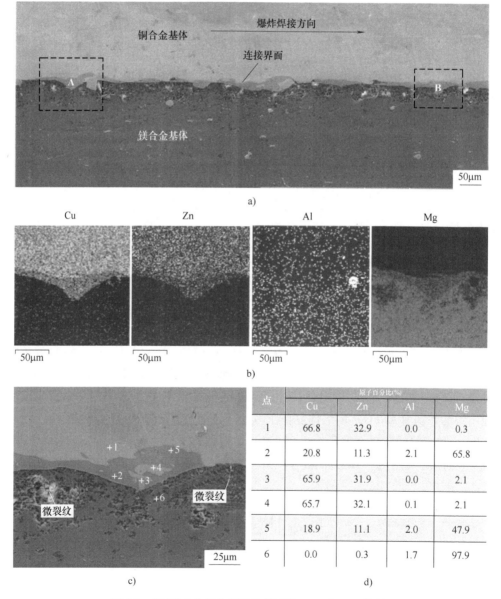

点	原子百分比(%)			
	Cu	Zn	Al	Mg
1	66.8	32.9	0.0	0.3
2	20.8	11.3	2.1	65.8
3	65.9	31.9	0.0	2.1
4	65.7	32.1	0.1	2.1
5	18.9	11.1	2.0	47.9
6	0.0	0.3	1.7	97.9

图 5-2 铜/镁合金复合板连接界面的 SEM 和 EDS 结果

进一步对连接界面微区进行 EDS 线扫描和面扫描分析，其结果如图 5-2b 所示。由图 5-2b 可以发现：连接界面存在 Cu、Zn、Al、Mg 元素的扩散。进一步对连接界面微区进行局部放大和 EDS 点能谱分析，其结果如图 5-2c 和 d 所示。由图 5-2c 和 d 可以发现：在复合板镁合金侧存在局部微裂纹；对 EDS 点能谱分析可以发现，过渡区的物相组成为 Mg-Zn 或者 Mg-Cu 的金属间化合物相。

图 5-3 所示为镁/铜合金爆炸焊接复合板的数值模拟结果。由图 5-3a 和 b 可知，数值模拟得到的连接界面形貌与图 5-2 所示的过渡层形貌相似，为类波形连接界面特征；连接界面处出现了明显的射流粒子，且该射流粒子主要由基体镁合金贡献。这与镁/铝合金爆炸焊接复合板制备过程的射流粒子（由镁合金和铝合金共同贡献）有明显差别。Wang 等人[16]在铜/铝合金爆炸焊接复合板制备过程中发现，界面处的射流粒子主要由铝合金贡献，解释其原因主要是材料的物理属性导致的，材料的硬度越低、密度越小，复合板连接界面处的金属表面越容易形成高速熔化的射流粒子。因此，对于镁/铜合金复合板，AZ31B 镁合金的密度和硬度远小于 H68 铜合金，因此主要由镁合金板材表层形成射流粒子。该射流粒子可以有效去除复合板连接界面的金属氧化物层，利于异种金属镁/铜的界面有效冶金连接[17,18]。

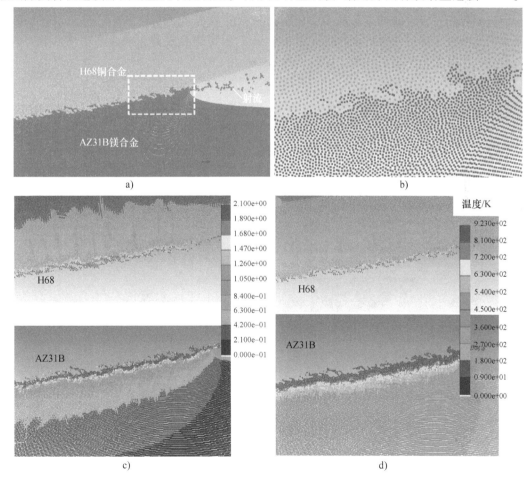

图 5-3　镁/铜合金爆炸焊接复合板的数值模拟结果

a）连接界面形貌特征　b）连接界面的局部放大图　c）连接界面的有效应变分布图　d）连接界面的温度场分布图

由图 5-3c 可知，连接界面处存在高应变分布过渡层，且镁合金侧的高有效应变区明显比铜合金侧宽；随着距离界面位移的增加，基体材料的有效应变值呈减小的趋势。由图 5-3d 可以发现，在复合板连接界面的镁合金侧存在明显高于镁合金熔点（923K）的区域。根据图 5-3c 和 d 可以推测，镁/铜合金复合板的镁合金侧发生了局部熔化和严重的塑性变形。这部分将在基体组织演变特征部分详细讨论。

5.4 复合板连接界面物相组成

由前述对铜/镁合金类波形连接界面过渡区的 SEM、EDS 和 EBSD 分析结果可初步判断，连接界面微区过渡区为 Mg-Cu-Zn 的二元或三元金属间化合物相。为进一步确定该过渡区的相组成，对铜/镁合金复合板连接界面的 TEM 取样区采用 FIB 制样，对其界面微区进行 TEM 分析，得到如图 5-4 所示结果。

如图 5-4 所示，该过渡区在局部放大后（图 5-4c），实际上存在两层不同的形貌，分别是靠近铜合金侧厚度约为 0.2μm 的扩散层，该区域为均匀的物相，没有明显的第二相晶粒特征；第二层则是较明显的黑色衬底区域上分布着明显的多边形第二相粒子。因此，铜/镁复合板连接界面过渡区的微观形貌及物相结构分布示意图如图 5-4d 所示。进一步分析该过渡区的第二相粒子进行选区衍射分析（图 5-4e 和 f），可以发现黑色衬底的物相主要为熔化的镁合金，而分布着的规则的第二相粒子为 $CuZn_2$ 相。

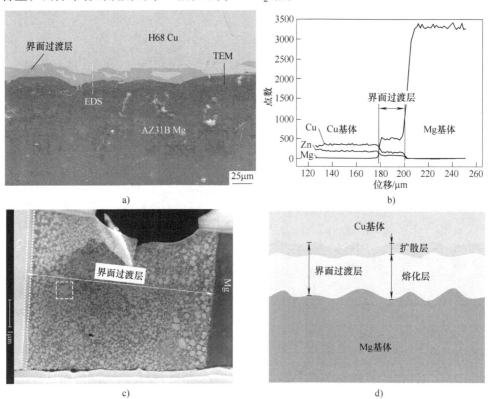

图 5-4　铜/镁合金复合板连接界面的 TEM 结果

a）连接界面 BSE 图　b）连接界面 EDS 结果　c）界面微区 TEM 形貌　d）界面微区过渡层分布示意图

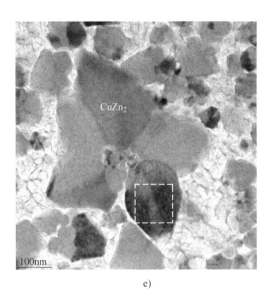
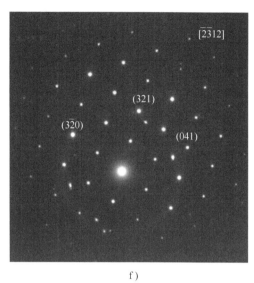

e) f)

图 5-4 铜/镁合金复合板连接界面的 TEM 结果（续）

e）界面微区第二相形貌 f）界面微区选区衍射图

进一步对铜合金与界面过渡层、镁合金与界面过渡层的连接界面在透射电子显微镜下进行形貌和元素成分分布分析，得到图 5-5 和图 5-6 所示的结果。

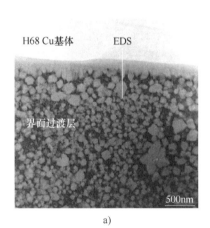
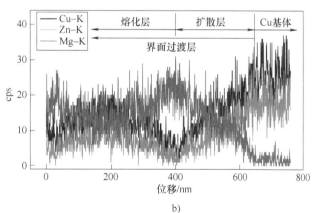

a) b)

图 5-5 镁/铜合金复合板的铜合金与界面过渡层连接界面 TEM 形貌和 EDS 结果

如图 5-5 所示，在该连接界面存在厚度约为 200nm 的元素扩散层，且该扩散层是由 H68 铜合金侧的 Cu、Zn 原子与界面过渡层中的 α-Mg 原子互扩散形成的。如图 5-6 所示，在镁合金基体与过渡层的连接界面处，Cu 原子和 Zn 原子向镁合金侧发生了一定的扩散，而 Mg 原子向过渡层扩散；同时，部分镁合金基体熔化，在过渡层中形成了 α-Mg。

综上分析，镁/铜合金爆炸焊接复合板的连接界面共由三部分区间组成，即靠近铜合金侧的扩散层（约 200nm）、中间的镁-铜共晶熔化凝固区（10~20μm）和靠近镁合金侧的大塑性变形区。

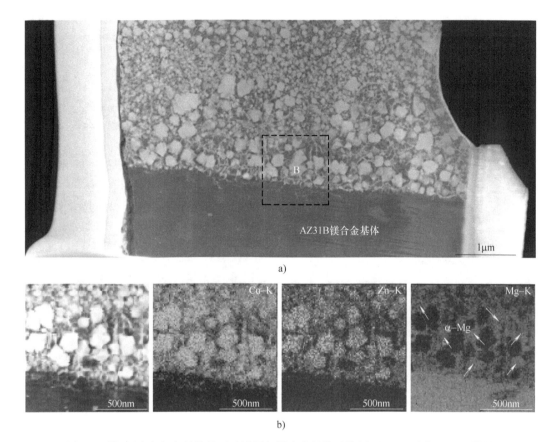

图 5-6 镁/铜合金复合板的界面过渡层与镁合金基体连接界面 TEM 形貌和 EDS 结果

5.5 近界面基体组织演变特征

图 5-7 所示为铜/镁合金复合板连接界面的 EBSD 结果。由图 5-7a 和 b 可以发现：靠近镁合金侧的晶粒形貌为细小的等轴晶组织，而靠近铜合金侧的组织为规则的多边形晶粒，且在晶粒内部存在部分孪晶组织。

结合图 5-7c 可以发现，在靠近镁合金侧存在局部应力较大的区域，该区域正好与镁合金侧细小的等轴晶组织分布区域吻合。推测其原因，是由于镁合金侧局部母材金属熔化，在极短的时间内冷却凝固，形成细小等轴晶组织，导致局部应力集中。

由图 5-7d 可以发现，在靠近铜合金侧存在亚晶组织变形区，而靠近镁合金侧以动态再结晶晶粒组织为主。这主要是由于靠近连接界面微区，覆板与基板碰撞冲击能较大；随着距离连接界面的位移增大，其能量呈逐渐衰减的趋势。故连接界面微区组织以变形区组织和动态再结晶组织为主；同时，由于铜合金侧材料的屈服强度较大、变形较小，因此只发生局部变形，形成亚晶；而镁合金材料的屈服强度较低、塑性变形较明显，以细小的动态再结晶晶粒为主。爆炸焊接复合制备过程中，镁合金侧近界面区的动态再结晶现象与镁/铝合金复合板[6,9,19]、铝/镁/铝合金复合板[20]的组织演变规律相似。对镁/铜合金复合板近界面区基体组织的晶界分布和平均晶粒尺寸分布进一步统计分析，得到如图 5-8 所示结果。

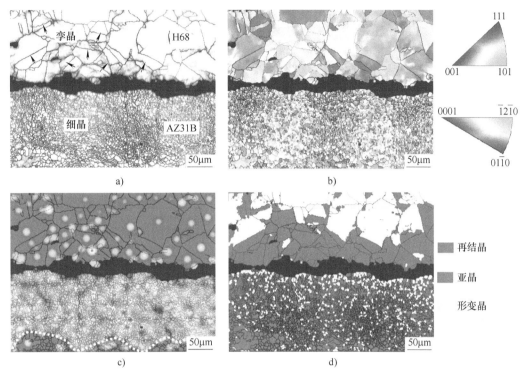

图 5-7　铜/镁合金爆炸焊接复合板连接界面 EBSD 结果

a）母材图　b）反极图（IPF）　c）应力分布图　d）变形晶粒分布图

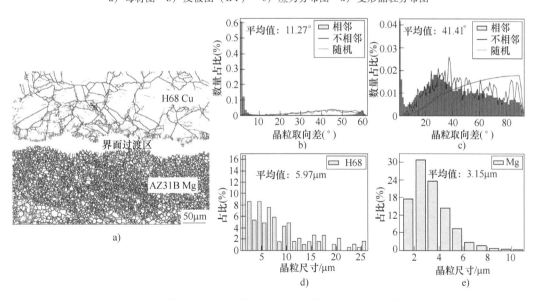

图 5-8　镁/铜合金复合板近界面区基体组织的 EBSD 结果

a）晶界分布图（灰色线条为小角晶界分布）　b）铜合金侧的晶粒取向分布
c）镁合金侧的晶粒取向分布　d）铜合金侧的平均晶粒尺寸分布　e）镁合金侧的平均晶粒尺寸分布

由图 5-8a 可以发现：在铜合金侧的近界面区分布着大量的高密度小角晶界，而在镁合金侧则以大角晶界为主。由图 5-8b 和 c 可以发现：铜合金侧的平均晶粒取向差值为 11.27°，而镁合金侧的平均晶粒取向差值为 41.41°。由图 5-8d 和 e 可以发现：铜合金侧的平均晶粒尺寸为 5.97μm，镁合金侧的平均晶粒尺寸为 3.15μm。

5.6 复合板连接界面的接合机理

一般而言，爆炸焊接复合板连接界面的形貌和尺寸受爆炸焊接参数和基体组元物理属性的影响，且复合板连接界面的结合强度与界面形貌特征直接相关[21-23]。由前述分析已知镁/铜合金复合板连接界面为类波形界面，区别于传统爆炸焊接复合板的波形界面形貌。综合前述镁/铜合金复合板连接界面的组织、成分表征分析，得出在爆炸焊接过程中，镁/铜合金复合板类波形界面形成和连接的过程示意图，如图 5-9 所示。

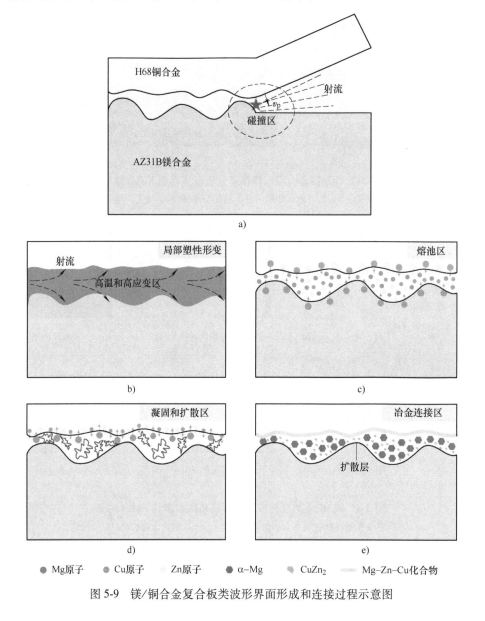

图 5-9　镁/铜合金复合板类波形界面形成和连接过程示意图

结合图 5-9，镁/铜合金复合板连接形成过程可解释为：爆炸焊接过程中，覆板铜合金以一定的加速度和倾斜角度与基板镁合金发生瞬时碰撞；覆板与基板高速碰撞和冲击会导致碰撞区局部升温，且温度高于覆板与基板金属的熔点，导致金属射流和近界面基体金属局部熔化，铜、镁合金金属的熔化和凝固导致异质金属界面的冶金结合。同时，覆板与基板金属发生碰撞冲击，当冲击载荷远大于覆板与基板金属的屈服强度时，碰撞区基体金属会发生宏观塑性变形，由于镁合金的屈服强度远低于铜合金的屈服强度。因此，靠近镁合金侧近界面区金属会发生明显的宏观塑性变形，呈波浪状界面特征，而铜合金侧金属发生较小的塑性变形，这是导致类波形界面形貌特征形成的主要原因。此外，在过渡区金属界面与铜合金侧母材基体，由于局部高温和大的塑性变形，导致铜、锌、镁原子的互扩散，形成一层金属扩散层；靠近镁合金侧，由于局部高温的作用，使得局部镁合金侧金属发生明显塑性变形，其晶粒形态和残余应力均与母材基体呈现较大的差异。

与此同时，由于铜合金与镁合金的瞬时碰撞导致连接界面形成一个高温分布区，且界面的最高温度分布超过了基体镁合金的熔点，甚至是铜合金的熔点，使得在连接界面区出现了镁-铜熔融液相区，即形成了 α-Mg、$CuZn_2$ 相共存的过渡层；同时，在高温和压力的共同作用下，铜合金侧与过渡层连接界面发生一定的元素互扩散形成扩散层。爆炸焊接过程中，虽然爆炸冲击作用时间极短（10^{-6}s），但是由于极高压力的作用，仍然证实有元素互扩散的发生[24,25]。

5.7 复合板的力学性能

5.7.1 复合板连接界面微区性能

由前述分析已知，镁/铜合金复合板连接界面形成了一定厚度的过渡层。采用纳米压痕仪对其连接界面及近界面区的力学性能进行表征分析，得到如图 5-10 所示的结果。

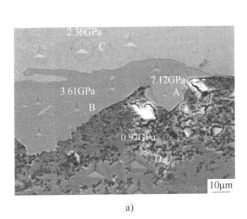

a)

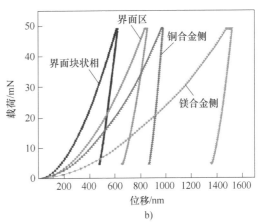

b)

图 5-10　镁/铜合金复合板连接界面微区的纳米压痕结果

由图 5-10 可以发现，连接界面熔化区的硬度值达到 3.61GPa，高于基体铜合金（2.36GPa）和镁合金（0.97GPa）的硬度值。连接界面过渡层存在高硬度的块状析出相（达到 7.12GPa），结合连接界面的微观组织分析，推测该析出相为熔化的镁-铜共晶相。

5.7.2 复合板连接界面结合强度

设计压-剪试验，表征镁/铜合金复合板的连接界面结合强度，得到的载荷-位移曲线如图 5-11 所示。

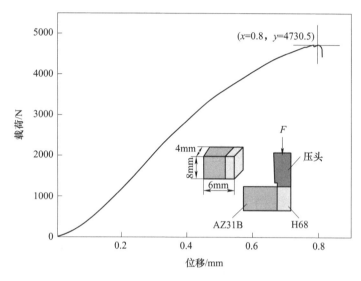

图 5-11　镁/铜合金复合板的压-剪试验的载荷-位移曲线

由复合板连接界面结合强度 σ 的计算公式［式（5-3）］，计算得出复合板的界面结合强度为 147.8MPa。

$$\sigma = \frac{F_{max}}{S} \tag{5-3}$$

为了进一步表征分析镁/铜合金复合板连接界面的物相成分，对其剪切试样的断口两侧分别进行 XRD 分析，得到如图 5-12 所示结果。

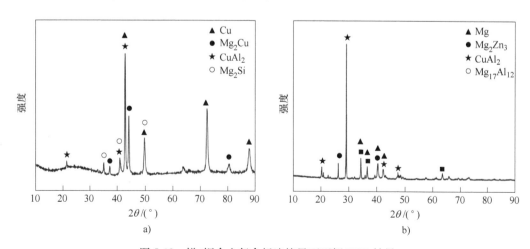

图 5-12　镁/铜合金复合板连接界面两侧 XRD 结果

图 5-12 所示的结果表明，在连接界面过渡区存在一些新的 Mg_2Cu、$CuAl_2$、Mg_2Zn_3 的金属间化合物相，以及基体金属中存在 $Mg_{17}Al_{12}$。这也是导致连接界面过渡区金属的平均硬度值高于基体金属的主要原因。

5.8　本章小结

本章主要采用爆炸焊接复合法成功制备了镁/铜合金爆炸焊接复合板，并采用试验表征和数值模拟相结合的方法，对复合板连接界面形貌特征、组织演变、物相组成和力学性能等进行了表征分析。得出以下主要结论：

1）镁/铜合金层状金属爆炸焊接复合板的连接界面呈现类波浪的形貌特征，区别于传统的爆炸焊接波形界面形貌。

2）镁/铜合金爆炸焊接复合板连接界面的过渡层由三部分组成，包括镁合金侧的大塑性变形区、中间的镁-铜共晶凝固结晶区和靠近铜合金侧的扩散层；且连接界面微区的硬度值明显高于两侧基体的平均硬度。

3）爆炸冲击载荷作用下，近界面区的基体均发生了较大的塑性变形，铜合金侧的基体组织呈现孪晶为主的规则多边形晶粒；镁合金侧的基体组织呈现细小的动态再结晶晶粒。

参 考 文 献

［1］AIZAWA Y, NISHIWAKI J, HARADA Y, et al. Experimental and numerical analysis of the formation behavior of intermediate layers at explosive welded Al/Fe joint interfaces［J］. Journal of Manufacturing Processes, 2016, 24: 100-106.

［2］LIU R, WANG W, ZHANG T, et al. Numerical study of Ti/Al/Mg three-layer plates on the interface behavior in explosive welding［J］. Science & Engineering of Composite Materials, 2016, 24 (16): 833-843.

［3］XIAO W, ZHENG Y, LIU H, et al. Numerical study of the mechanism of explosive/impact welding using Smoothed Particle Hydrodynamics method［J］. Materials & Design, 2012, 35 (3): 210-219.

［4］YUAN X D, WANG W X. Numerical study on the interfacial behavior of Mg/Al plate in explosive/impact welding［J］. Science & Engineering of Composite Materials, 2017, 24 (4): 581-590.

［5］DERIBAS A A, KUDINOV V M, MATVEENKOV F I. Effect of the initial parameters on the process of wave formation in explosive welding［J］. Combustion, Explosion & Shock Waves, 1969, 3 (4): 344-348.

［6］YAN Y B, ZHANG Z W, SHEN W, et al. Microstructure and properties of magnesium AZ31B-aluminum 7075 explosively welded composite plate［J］. Materials Science & Engineering A, 2010, 527 (9): 2241-2245.

［7］ZHANG N, WANG W, CAO X, et al. The effect of annealing on the interface microstructure and mechanical characteristics of AZ31B/AA6061 composite plates fabricated by explosive welding［J］. Materials & Design, 2015, 65: 1100-1109.

［8］ZHANG T T, WANG W X, ZHANG W, et al. Microstructure evolution and mechanical properties of an AA6061/AZ31B alloy plate fabricated by explosive welding［J］. Journal of Alloys & Compounds, 2017, 735: 1759-1768.

［9］ZHANG T T, WANG W X, ZHANG W, et al. Interfacial microstructure evolution and deformation mechanism in an explosively welded Al/Mg alloy plate［J］. Journal of Materials Science, 2019, 54 (12): 9155-9167.

[10] FRONCZEK D M, CHULIST A, KORNEVA Z, et al. Structural properties of Ti/Al clads manufactured by explosive welding and annealing [J]. Materials & Design, 2016, 91: 80-89.

[11] XIA H B, WANG S G, BEN H F. Microstructure and mechanical properties of Ti/Al explosive cladding [J]. Materials & Design, 2014, 56 (4): 1014-1019.

[12] RAJANI H, MOUSAVI S. The effect of explosive welding parameters on metallurgical and mechanical interfacial features of Inconel 625/plain carbon steel bimetal plate [J]. Materials Science & Engineering A, 2012, 556 (9): 454-464.

[13] HAMMERSCHMIDT H. , KLEIN F, BORCHERS C, et al. Microstructure and mechanical properties of medium-carbon steel bonded on low-carbon steel by explosive welding [J]. Materials & design, 2015, 89 (8): 369-376.

[14] JIAQI W, WENXIAN W, XIAOQING C, et al. Interface bonding mechanism and mechanical behavior of AZ31B/TA2 composite plate cladded by explosive welding [J]. Rare Metal Materials & Engineering, 2017, 46 (3): 640-645.

[15] GULENC B. Investigation of interface properties and weldability of aluminum and copper plates by explosive welding method [J]. Materials & Design, 2008, 29 (1): 275-278.

[16] ZHANG T, WANG W, ZHANG J, et al. Interfacial bonding characteristics and mechanical properties of H68/AZ31B clad plate [J]. International Journal of Minerals, Metallurgy and Materials, 2022, 29 (6): 1237-1248.

[17] AKBARI M S A A, AL-HASSANI S T S. Numerical and experimental studies of the mechanism of the wavy interface formations in explosive/impact welding [J]. Journal of the Mechanics & Physics of Solids, 2005, 53 (11): 2501-2528.

[18] AKBARI M S A A, AL-HASSANI S T S. Finite element simulation of explosively-driven plate impact with application to explosive welding [J]. Materials & Design, 2008, 29 (1): 1-19.

[19] CHEN P, FENG J, ZHOU Q, et al. Investigation on the explosive welding of 1100 aluminum alloy and AZ31 magnesium alloy [J]. Journal of Materials Engineering & Performance, 2016, 25 (7): 2635-2641.

[20] FRONCZEK D M, CHULIST R, LITYNSKA-DOBRZYNSKA L, et al. Microstructure and kinetics of intermetallic phase growth of three-layered A1050/AZ31/A1050 clads prepared by explosive welding combined with subsequent annealing [J]. Materials & Design, 2017: 120-130.

[21] ACARER M, GüLEN B, FINDIK F. Investigation of explosive welding parameters and their effects on microhardness and shear strength [J]. Materials & Design, 2003, 24 (8): 659-664.

[22] CHU Q L, MIN Z, LI J H, et al. Experimental and numerical investigation of microstructure and mechanical behavior of titanium/steel interfaces prepared by explosive welding [J]. Materials Science & Engineering A, 2017, 689 (3): 323-331.

[23] KAYA Y, KAHRAMAN N. An investigation into the explosive welding/cladding of Grade A ship steel/AISI 316L austenitic stainless steel [J]. Materials & Design, 2013, 52: 367-372.

[24] CHEN S Y, WU Z W, LIU K X, et al. Atomic diffusion behavior in Cu-Al explosive welding process [J]. Journal of Applied Physics, 2013, 113 (4): 1-6.

[25] ZHANG T T, WANG W X, ZHOU J, et al. Molecular dynamics simulations and experimental investigations of atomic diffusion behavior at bonding interface in an explosively welded al/mg alloy composite plate [J]. Acta Metallurgica Sinica, 2017, 3 (10): 983-991.

第6章

镁/钛合金爆炸焊接复合板的界面连接行为

6.1 引言

基于钛合金的轻质高强和耐蚀优势，提出镁/钛合金爆炸焊接复合板的制备；同时，为了进一步提升复合板连接界面结合强度，通过添加铝合金过渡层的设计思路，对比分析镁/铝/钛合金爆炸焊接复合板的制备，以及复合板连接界面的组织结构、微区力学性能和复合板的宏观力学性能。

6.2 复合板宏观形貌特征

采用平行放置法进行镁/钛合金复合板的爆炸焊接复合试验，基板为 AZ31B 镁合金板材，板材尺寸为 300mm×300mm×10mm；覆板为 TA2 钛合金板材，板材尺寸为 350mm×350mm×3mm。对爆炸焊接复合制备的镁/钛合金复合板宏观形貌进行分析，结果如图 6-1 所示。

图 6-1a 所示为爆炸焊接后镁/钛合金爆炸焊接复合板外观形貌，箭头所指方向为炸药的爆炸方向，起爆位置为边部中心处。由图 6-1a 可以看出，爆炸焊接后复合板在爆轰波的作用下发生了严重的塑性变形，复合板的边部出现了一定的边裂及钛板边部出现了塌陷。图 6-1b 所示为在复合板边部位置的纵向图，由图 6-1b 可见，复合板边部出现了不同程度的开裂分离，基板、覆板间并没有良好结合。超声波无损检测后发现，镁/钛合金爆炸焊接复合板的结合率大约为 30%。图 6-1c 所示为复合板横截面的宏观形貌，由图 6-1c 可见，镁/钛合金爆炸焊接复合板连接界面呈平直状形貌，且无明显未熔合、裂纹等缺陷。

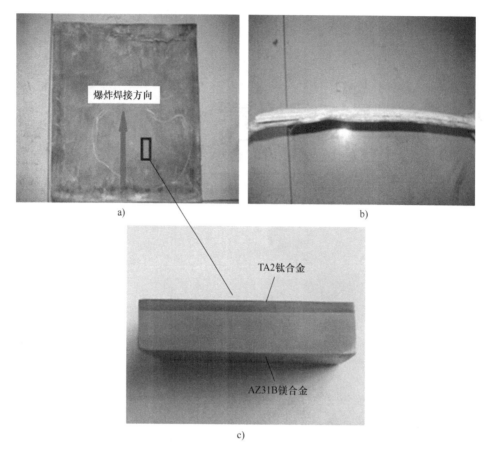

图 6-1　镁/钛合金爆炸焊接复合板外观形貌

6.3　复合板连接界面微观组织

图 6-2 所示为爆炸焊接复合制备的镁/钛合金（AZ31B/TA2）复合板连接界面金相图。由图 6-2 可以发现，复合板连接界面形貌以平直界面为主，局部区域为金属塑性形变形成的微波形界面结构形式。

结合图 6-2b 中连接界面的镁合金侧微观组织形貌分析发现，晶粒组织形态变形较严重，近界面区为细小的团絮状组织，距离界面大约 $300\mu m$ 处，发现绝热剪切带组织，距离连接界面 $1\mu m$ 左右；晶粒形貌与母材组织大致相同，为规则的多边形晶粒。

在爆炸冲击载荷作用下，镁合金基板发生了剧烈的塑性变形，形成绝热剪切带（ASB）。由图 6-2b 可以看出，绝热剪切带经过腐蚀剂腐蚀后呈白色带状物质，且沿炸药爆炸方向呈 45°倾斜，从连接界面延伸到镁合金基体侧。在高倍显微镜下观察可以发现，绝热剪切带穿插在镁合金变形晶粒内，呈树枝状形貌；绝热剪切带内部与两边基体不同，内部晶粒一般都较细，晶粒沿中心内部逐渐向基体两侧演变。这一现象与采用爆炸焊接复合法制备其他镁基金属层状复合板中现象一致。故关于 ASB 形成原因、微区性能及影响因素不再赘述，可参考第 3 章中的相关研究结果。

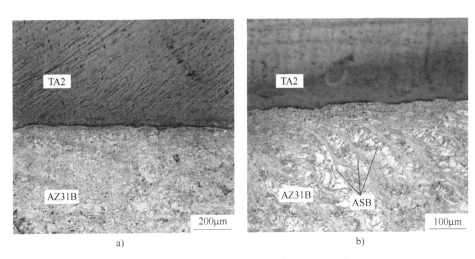

图 6-2 镁/钛合金复合板连接界面金相图
a）低倍图 b）高倍图

进一步，采用 SEM 对复合板连接界面进行观察分析，得到图 6-3 所示的结果。由图 6-3a 可知，复合板连接界面存在一些突起或漩涡结构特征，其形状类似"象鼻状"。这是由于爆炸焊接过程中，覆板 TA2 与基板 AZ31B 发生快速碰撞，在碰撞区域基板 AZ31B 由于产生剧烈的塑性变形在碰撞点前产生突起，进入的射流被突起的波峰阻挡，便产生了类似"象鼻状"的微观结构。漩涡的产生是基板、覆板金属在碰撞时产生的剧烈塑性变形热引起的，这种塑性变形保证了镁、钛爆炸焊接的有效结合。由于形成了"象鼻状"的突起，使得镁/钛合金波形界面的结合面积增大，从而增大了界面的结合强度[1-3]。

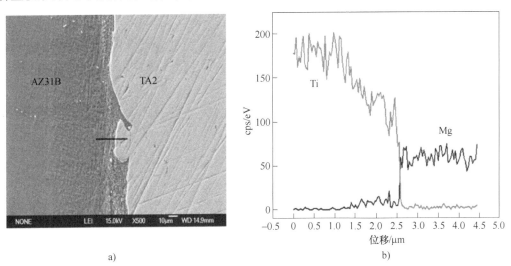

图 6-3 复合板连接界面的 SEM 和 EDS 结果

图 6-4 所示为复合板连接界面的 EDS 线扫描结果，由图 6-4b 可见，连接界面的元素几乎没有发生互扩散，镁和钛的原子比为 70.18% 和 28.48%。这表明在爆炸焊接过程中，镁/钛合金复合板在连接界面处确实存在微量的镁和钛元素之间的扩散，正是因为这微弱的扩散

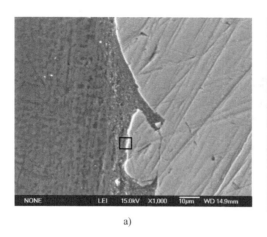
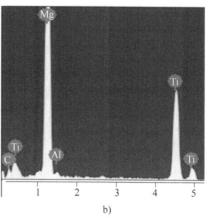

$$a) \qquad\qquad\qquad b)$$

图 6-4　复合板连接界面的 EDS 线扫描结果

保证了镁钛双金属的牢固冶金结合。由于爆炸焊接在很短时间内完成，连接界面处的温度迅速降低，这样不能提供足够的热量和时间来保证元素的大量扩散，因此最终扩散程度不是很明显。

6.4　复合板的力学性能

6.4.1　复合板连接界面压剪强度

对镁/钛合金复合板进行压剪试验，结果如图 6-5 所示。剪切强度的计算公式[3]为：

$$\tau_{b} = \frac{F}{wh} \qquad\qquad (6\text{-}1)$$

式中，τ_b 为剪切强度（MPa）；F 为剪断时的载荷（N）；h 和 w 分别为 TA2 的高度和宽度（m）。

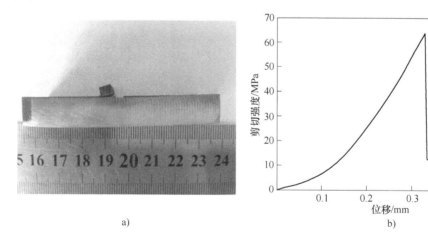

$$a) \qquad\qquad\qquad b)$$

图 6-5　镁/钛合金复合板压剪试验结果

根据式（6-1）计算出镁/钛合金复合板的剪切强度为 64MPa。

6.4.2　复合板拉伸性能

图 6-6a 所示为镁/钛合金复合板拉伸试验后的宏观形貌图。由图 6-6a 可以看出,复合板整体发生断裂,钛(TA2)的塑性较好,在断裂过程中产生缩颈,而镁合金(AZ31B)的塑性较差,并没有出现缩颈。

图 6-6b 所示为断口处的放大图。由图 6-6b 可以看出,断裂首先发生在基板 AZ31B 侧,然后裂纹在复合板连接界面处进行扩展,直至最后覆板 TA2 发生断裂。由于 AZ31B 的抗拉强度低于 TA2 的抗拉强度,所以断裂首先发生在基板 AZ31B 侧,裂纹并没有首先出现在连接界面,说明复合板连接界面的结合性能较优越[4-6]。

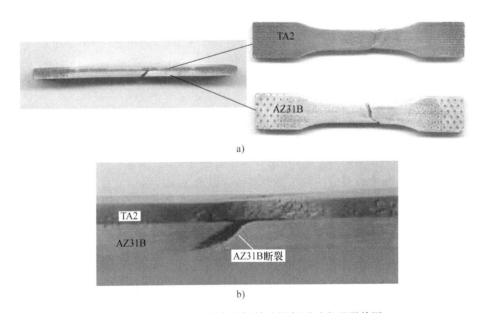

图 6-6　镁/钛合金复合板拉伸试样断裂后宏观形貌图

图 6-7 所示为镁/钛合金复合板拉伸试验的应力-应变曲线。由图 6-7 可知,复合板的拉伸断裂过程可以划分为 4 个阶段:阶段 1 为弹性变形阶段、阶段 2 为塑性变形阶段、阶段 3 为基板 AZ31B 镁合金断裂阶段、阶段 4 为覆板 TA2 断裂阶段。复合板在拉伸过程中,阶段 1 内发生弹性变形,其拉应力与应变满足胡克定律。

然而,当施加的拉应力超过屈服强度以后,镁/钛合金复合板发生塑性变形,此时能够发现其产生了屈服现象。随着塑性变形的持续进行,材料的加工硬化效应产生,继续变形所需的拉应力在不断增加,一直到断裂点 1 处拉应力达到最大值,该点所对应的拉应力即为镁/钛合金复合板的抗拉强度,图 6-7 中该最大值为 264MPa,高于基板 AZ31B,这表明基板 AZ31B 的拉伸性能通过结合覆板 TA2 后有了明显的提高。由于镁合金自身的强度和塑性变形能力比金属钛低,所以当拉应力一旦超过这个极限值时,拉伸试样的基板 AZ31B 侧首先发生断裂,此时基板与覆板之间并没有发生明显的分离,随着裂纹的扩展,基板与覆板之间开始出现分离,此时材料由于受力截面积的急剧减小,导致材料承受的载荷也急剧下降,在覆板 TA2 上产生微小的缩颈,直至到断裂点 2 时,材料的覆板 TA2 纯钛也发生了断裂[1,3]。

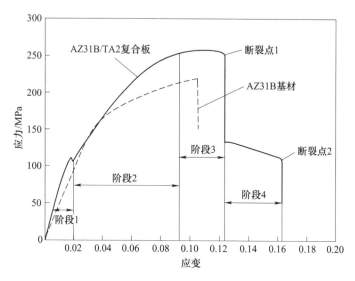

图 6-7　镁/钛合金复合板拉伸试验的应力-应变曲线

由拉伸试验结果可知，镁/钛合金复合板的拉伸强度为 264MPa，明显高于基板 AZ31B 镁合金的抗拉强度 210MPa，这表明在基板镁合金上覆盖一层钛有利于其强度的明显提升。而镁/钛合金复合板的延伸率为 12.3%，与镁合金相似，说明镁/钛合金复合板的塑韧性还不是特别优良。由于镁/钛合金复合板是由两种性质不同的金属通过爆炸焊接复合而成，基板 AZ31B 镁合金与覆板 TA2 纯钛的抗拉强度值不同，所以以镁/钛合金复合板的整体抗拉强度 σ_b 不仅与基板和覆板的强度有关，而且与基、覆板的厚度也有关系，其理论抗拉强度值的计算公式为：

$$\sigma_b = \frac{a_b\sigma_1 + a_f\sigma_2}{a_b + a_f} \tag{6-2}$$

式中，σ_1 为基板 AZ31B 镁合金的抗拉强度值（MPa）；σ_2 为覆板 TA2 纯钛的抗拉强度值（MPa）；a_b 为基板 AZ31B 镁合金的厚度（mm）；a_f 为覆板 TA2 纯钛的厚度（mm）。

试验基板和覆板的力学性能指标已知，σ_1、σ_2 分别取 210MPa、441MPa；根据爆炸试验基、覆板尺寸可知，a_b、a_f 分别取 10mm、3mm。将 σ_1、σ_2、a_b、a_f 的数值代入式（6-2）中，经过计算得到镁/钛合金复合板的理论抗拉强度值为 262MPa，实际测量得到的镁/钛合金复合板的抗拉强度值为 264MPa，略高于其理论计算值。

6.4.3　复合板弯曲性能

对镁/钛合金复合板进行三点弯曲试验，试验结果如图 6-8 所示。

试验时将钛合金板侧在上、镁合金板侧在下进行正弯试验；相反，镁合金板侧在上、钛合金板侧在下进行背弯试验。由图 6-8 可以发现，正弯试验中，镁合金在承受较小弯曲度时就会发生断裂，而在背弯试验中，钛合金板侧并没有发生断裂，最终在镁合金侧开裂。

界面分离对复合板是一种常见的失效方式，所以针对正弯及背弯试验后的连接界面处进行了放大观察，如图 6-8c 和 d 所示。由图 6-8c 和 d 可以看出，无论是正弯还是背弯试验，连接界面都没有明显的分离现象，这表明复合板具有较高的抵抗分层能力，其弯曲性能优良。基板 AZ31B 镁合金侧首先出现了裂纹扩展，这是由于镁合金的塑性变形能力较差所致[7-9]。

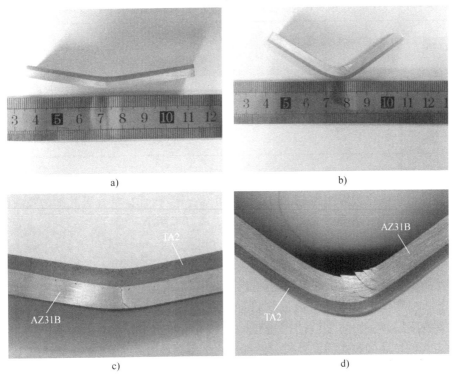

图 6-8 镁/钛合金复合板弯曲试验结果形貌图

a）正弯图　b）背弯图　c）正弯界面放大图　d）背弯界面放大图

6.4.4 复合板冲击韧性

将 13mm 厚复合板加工制成 3 个尺寸为 55mm×10mm×1mm 的 V 型缺口夏比冲击试样，试样尺寸如图 6-9 所示，开展室温冲击试验，试验结果见表 6-1。试验后的冲击试样宏观断口形貌图如图 6-10 所示。

图 6-9 镁/钛合金复合板冲击试样宏观断裂结果

a）断裂正面图　b）断裂截面图

表 6-1　镁/钛合金爆炸复合板冲击试验结果

试件编号	试验温度 T/℃	冲击吸收能量 A_{KV}/J	
		试验值	平均值
1	室温	14.92	
2	室温	10.35	12.71
3	室温	12.88	

基板 AZ31B 镁合金在室温（20℃）下的冲击能量为 4.81J，通过爆炸焊制得的镁/钛合金复合板的冲击吸收能量值约为 12.71J。由此可知，镁/钛合金复合板的冲击吸收能量远高于基板 AZ31B 镁合金的冲击吸收能量。分析原因有以下两个方面：

① 复合板是在镁合金基板上通过爆炸焊的方式复合了 3mm 厚的金属钛，而金属钛的塑韧性以及吸收冲击载荷的能力都比镁合金高。当两者以冶金方式结合形成复合板时，连接界面和内部组织变化使得镁合金的抗冲击性能有了一定的提高。

② 在爆炸焊接过程中，由于在爆炸载荷的冲击作用下，复合板连接界面两侧金属发生了强烈的塑性变形，它们对裂纹的扩展有一定的阻碍作用。如图 6-9 所示，当裂纹从基板 AZ31B 镁合金侧扩展到连接界面处时，并没有立即穿过连接界面到覆板 TA2 钛上，而是在连接界面处沿着波纹方向向两边进行了扩展，最后才到达覆板直至全部断裂。这样就阻碍了裂纹的扩展，从而提高了材料的抗冲击性能及连接界面处对裂纹的阻碍作用[10,11]。

结合冲击试样断口扫描电镜图来进一步分析镁/钛合金复合板冲击试样断口断裂原因。由图 6-10 可见，冲击试样在冲击载荷的作用下沿连接界面断裂为两部分，即基板 AZ31B 的断裂形貌和覆板 TA2 的断裂形貌。针对基板 AZ31B 镁合金进行局部组织放大，得到图 6-10b 所示结果，从图 6-10b 可以明显看出，镁合金侧断口形貌为准解理断裂。其中，韧窝数量较少，而且小而浅，可见大量的解理刻面及其上的河流花样和解理台阶。这些解理或准解理区域有大、有小，分布也不均匀。由于解理断裂相对于韧窝断裂需要消耗的能量要少很多，所以大片的解理或准解理区的出现必将引起镁合金冲击吸收能量的降低和韧性的下降。从图 6-10 中可看出，该处断口形貌具有解离特征。由于钛在靠近连接界面处的部分与 AZ31B 镁合金发生了剧烈的碰撞，产生了较大的塑性变形，导致 TA2 侧内部产生了高密度的位错，形成了大量的缠绕位错，使材料的塑性和韧性急剧下降，从而在近界面区发生加工硬化，致使材料在断裂过程中发生脆性断裂。从图 6-10d 中可以看出，该处冲击断口形貌以韧窝特征形貌为主，并伴有少量的准解理形貌。其中，韧窝数量比图 6-10c 所示区域的多，且断口表面的微孔尺寸较大也较深。这是由于钛本身对裂纹的扩展有较强的抵抗能力，且同时表明覆板 TA2 在断裂前发生了明显的塑性变形，从而消耗的能量相对较大，形成的韧窝就也较多[12-14]。

6.4.5　复合板显微硬度分布

采用维氏硬度计对镁/钛合金复合板横截面进行硬度测试，结果如图 6-11 所示。

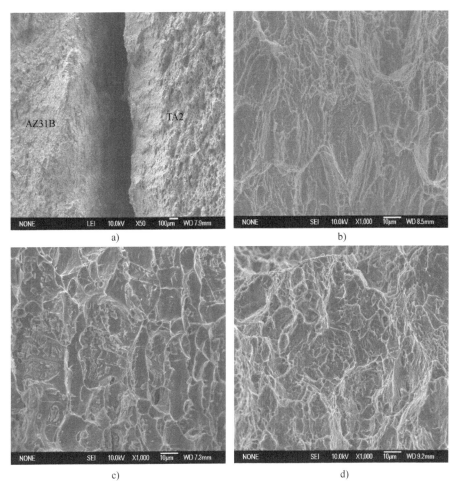

图 6-10　镁/钛合金复合板冲击试样断口形貌图

a）镁/钛合金复合板冲击断口　b）AZ31B 镁合金侧连接界面处断口形貌

c）TA2 侧连接界面处断口形貌　d）TA2 侧远离连接界面处断口形貌

由图 6-11 可知，钛/镁合金复合板基体侧显微硬度值均高于原始基体显微硬度值；随着距离连接界面处的位移减少，显微硬度值呈显著上升趋势。这是由于基、覆板在碰撞过程中必然会导致近界面区的金属发生塑性变形，且越靠近连接界面，变形程度越严重，变形必然会导致大量位错生成，从而产生加工硬化现象，使连接界面处显微硬度呈现递增的趋势，最大可达 259HV，即由母材的 220HV 提高了 17.7%。当距连接界面处 26μm 时，显微硬度值显著下降到 103HV 左右。对于 TA2 连接侧，爆炸过程中同样存在加工硬化，较原始镁板硬度整体有所上升，但分布相对均匀。对于 AZ31B 镁合金侧，显微硬度值在靠近连接界面处达到最大值，为 96HV，即从母材的 80HV 提高了 20%，且随着测试点位置距离连接界面位移的逐渐增加，显微硬度值呈逐渐下降的趋势。对于连接界面处显微硬度值的最大值，存在另一种解释：由于爆炸焊接的作用，在连接界面处产生高温高压的环境，促使连接界面处的晶粒发生再结晶，使原本粗大的晶粒变得细小，细小晶粒会导致连接界面处的显微硬度增大。

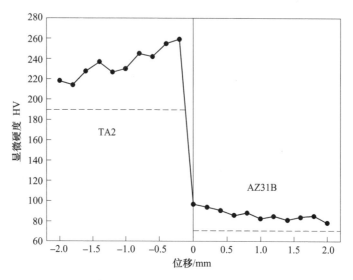

图 6-11 镁/钛合金复合板横截面显微硬度分布图

6.5 焊后热处理复合板组织性能

6.5.1 热处理态复合板连接界面组织成分

爆炸焊接复合板后,连接界面组织会经受剧烈的塑性形变,因此在连接界面存在不均匀组织及形变残余应力。对镁/钛合金复合板进行焊后热处理,可以使爆炸焊接过程中连接界面残留的应力得到释放与消除,从而达到改善复合板综合性能的目的。在热处理过程中,异种金属间会在连接界面处发生扩散,进而提高复合板的结合强度,但是异种金属间容易生成脆性的金属间化合物,进而削弱复合板的性能。由图 6-12[15]可知,室温下,镁与钛的互溶

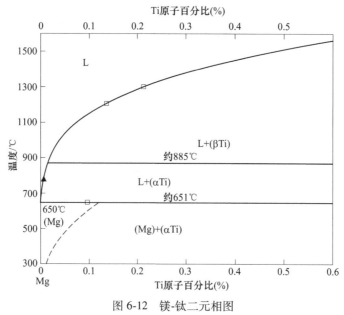

图 6-12 镁-钛二元相图

度比较小，不易形成金属间化合物，镁合金的熔点限制了热处理温度的提高，同时为了避免镁合金晶粒的严重长大，扩散温度应低于 500℃。

选取热处理工艺时，参照镁/钛扩散焊接的相关工艺，根据参考文献[13]可知，镁合金与钛合金在 450~480℃温度扩散时，界面元素发生了明显的扩散，且形成良好的结合强度。因此，在保障镁合金在温度过高导致熔化和扩散时间较长，不发生晶粒长大的前提下，选取合适的热处理工艺为：热处理温度为 450℃、490℃，各自的保温时间分别为 4h、8h。

图 6-12 表明，镁在钛基中的溶解度小于 2%，钛在镁基中的溶解度小于 0.1%，所以镁、钛元素的相互固溶度较小，扩散量也较少。

采用扫描电镜对热处理后镁/钛合金复合板连接界面的形貌及合金元素进行扫描分析，以测定元素在连接界面的分布情况，如图 6-13 所示。

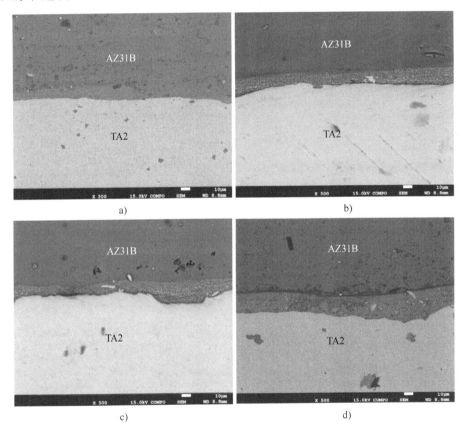

图 6-13　热处理后镁/钛合金复合板连接界面 SEM 形貌图

a）450℃保温 4h　b）450℃保温 8h　c）490℃保温 4h　d）490℃保温 8h

从图 6-13 可以看出，经不同热处理温度及保温时间热处理后，复合板连接界面的形貌并没有发生明显的改变，连接界面依然为爆炸焊接后所形成的平直状及波浪状混合界面，只是在连接界面形成了不同厚度的一定形状的扩散层，且随着热处理温度的升高及保温时间的延长，连接界面扩散层的厚度也越来越大。说明热处理温度及保温时间对连接界面元素的扩散情况具有相当明显的作用[16,17]。

由原子扩散的原理可得，当外界温度升高时，只有加热到使原子自身的能量大于某一个临界值时，原子就能从一个位置迁移到相邻的位置，这样原子才能发生扩散。在这个过程中，扩散激活能就是其中的一个能量势垒。不同的元素具有不同的扩散激活能，对于扩散激活能的计算，扩散系数起着决定其大小的关键作用[18,19]。扩散系数的计算公式为：

$$D = D_0 \exp\left(-\frac{Q}{RT}\right) \tag{6-3}$$

式中，D 为扩散系数；D_0 为扩散常数；Q 为扩散激活能；T 为扩散温度；R 为常数。

为进一步分析热处理状态对复合板连接界面元素扩散行为的影响，对四种热处理条件下的复合板连接界面进行了 EDS 能谱分析，结果如图 6-14 所示。由于镁合金中存在一定量的铝元素，且铝元素易与钛元素发生反应，生成两者的中间相，所以针对连接界面的镁、铝、钛元素进行 EDS 线扫描。

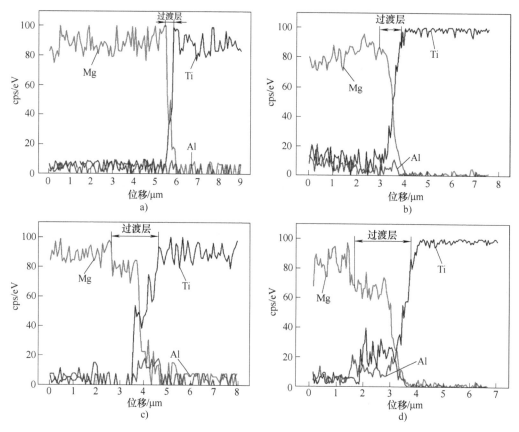

图 6-14 热处理后镁/钛合金复合板连接界面元素扩散 EDS 分析图
a）450℃保温 4h b）450℃保温 8h c）490℃保温 4h d）490℃保温 8h

由图 6-14a 和 b 可知，镁、钛元素发生轻微的扩散，但对于铝元素并没有观察到明显的波动，说明铝元素在 450℃时并没有发生扩散，而对于镁、钛元素，也只是发生了轻微的扩散，因此连接界面处的曲线呈一定坡度的下降。由图 6-14c 和 d 可见，镁、钛、铝元素均发生了较大程度的扩散，同时从 Al-Mg 相图可知，490℃的保温温度允许液相出现的成分区很宽，因此，在连接界面处铝元素的曲线出现明显的波动，说明铝元素在该处与连接界面的金属发生了反应，且铝元素与钛也发生了反应，所以铝元素在复合板热处理过程中具有重要的作用。铝含量的峰值出现在镁、钛两种元素的过渡层处，这一事实也同样证明了铝元素在镁、钛之间发生扩散的纽带作用。

6.5.2　热处理态复合板连接界面硬度分布

对不同热处理态镁/钛合金复合板连接界面进行显微硬度测试，测试结果如图 6-15 所示。

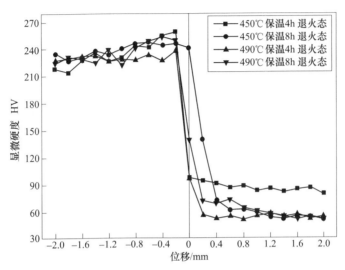

图 6-15　不同热处理态镁/钛合金复合板连接界面的显微硬度测试结果

对于镁/钛复合板，虽然连接界面并没有出现明显的波形，但是在微观组织上观察，连接界面仍存在不同程度的塑性形变，这样使得连接界面处的晶粒发生变形且位错增多，从而导致连接界面发生加工硬化，显微组织硬度升高。热处理后，会改善复合板两侧错乱的晶粒形态，并消除因爆炸焊接后导致的残余应力。从图 6-15 中可以明显看出，热处理后连接界面两侧的显微硬度比爆炸焊接后明显降低。且对比发现，在镁合金侧，随着热处理温度的升高及保温时间的增长，显微硬度明显降低，原因为在 450℃、490℃热处理时，镁合金组织发生了改变，而镁合金的再结晶的温度为 300℃，所以在该温度下，镁合金已发生退火再结晶，随着温度的升高，晶粒发生长大软化，因而显微硬度值也相应地降低，且降低幅度较明显。而对于钛侧，显微硬度比爆炸焊接后只略微地减小，分析认为钛合金的再结晶温度较高，晶粒形态并没有发生明显的改变。显微硬度的降低只是因为热处理释放了连接界面的残余应力，且钛侧的显微硬度值较为平稳，并没有明显的波动[20-22]。

6.6　铝过渡层镁/钛合金复合板形貌特征

6.6.1　复合板宏观形貌特征

为改善镁/钛合金复合板的性能，提出加中间层铝合金板材的方法，制成镁/铝/钛合金复合板。采用平行放置法进行镁/铝/钛合金复合板的爆炸焊接复合试验，如图 6-16a 所示，基板为 AZ31B 镁合金板材，板材尺寸为 300mm×600mm×10mm；中间层为 6061 铝合金板材，板材尺寸为 350mm×650mm×1mm；覆板为 TA2 钛合金板材，板材尺寸为 350mm×650mm×3mm。采用爆炸焊接复合制备的镁/铝/钛合金复合板宏观形貌如图 6-16b 所示。

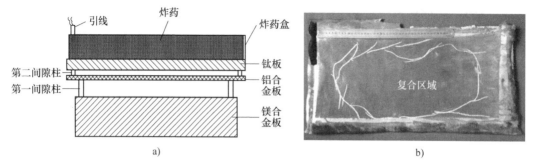

图 6-16　镁/铝/钛合金复合板爆炸焊接示意图及制备复合板宏观形貌图

a）示意图　b）宏观形貌图

6.6.2　复合板连接界面形貌特征

采用超声探伤的方法对镁/铝/钛合金爆炸焊接复合板连接界面复合区域进行表征，选取复合区的复合板横截面进行进一步微观界面形貌的 SEM 和 EDS 分析表征，得到如图 6-17 所示的连接界面形貌特征。从图 6-17 可以看出，铝/镁合金连接界面和钛/铝合金连接界面均出现爆炸焊接所特有的波浪状形貌。其中，镁/铝合金连接界面的波形较大，而铝/钛合金连接界面的波形较小。

对比镁/钛合金复合板呈现的平直界面形貌可知，通过添加中间过渡层铝合金板材的方法，可获得波形界面的复合板。波形界面的形成与材料组元的物理属性和爆炸焊接参数相关。进一步，对钛/铝合金连接界面和镁/铝合金连接界面的波形和局部熔化现象进行表征分析，得到如图 6-18 所示的结果。

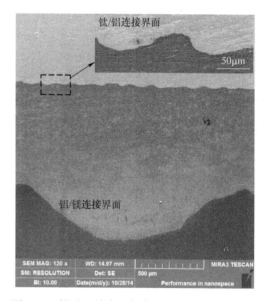

图 6-17　镁/铝/钛合金复合板连接界面形貌特征

综合图 6-17 和图 6-18 可知，镁/铝/钛复合板的钛/铝合金连接界面和铝/镁合金连接面均为波形界面。对比钛/铝合金连接界面和铝/镁合金连接界面发现，钛/铝合金连接界面呈小的波形界面，其波长 $\lambda = 160\mu m$ 和波幅 $h = 26\mu m$；铝/镁合金连接界面则呈现大的波形界面，其波长 $\lambda = 1740\mu m$ 和波幅 $h = 406\mu m$。对于爆炸焊接技术形成的复合板波形界面的性能优于平直界面，且小波形界面结合强度优于大的波形界面结合强度。爆炸焊接获得的复合板连接界面是否形成波形界面取决于爆炸过程中射流的产生。此外，在爆炸焊接过程中，射流的出现很好地清除了焊表面的氧化膜，使其获得良好固相接合或没有金属间化合物的钛/铝/镁合金复合板[23]。

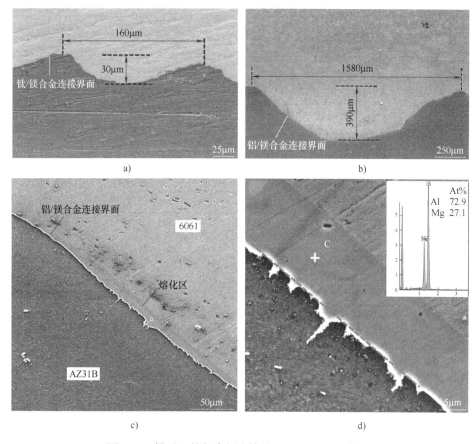

图 6-18　镁/铝/钛复合板连接界面 SEM 和 EDS 结果

a）钛/镁合金连接界面　b）铝/镁合金连接界面

6.6.3　复合板连接界面元素扩散行为

进一步，对钛/铝合金连接界面和镁/铝合金连接界面进行 EDS 能谱分析，得到如图 6-19 所示的结果。

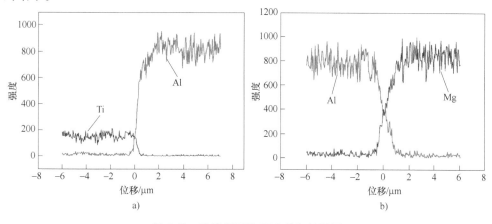

图 6-19　连接界面的 EDS 线扫结果图

a）钛/铝合金连接界面；b）镁/铝合金连接界面

由图6-19可以发现，在钛/铝合金连接界面和镁/铝合金连接界面元素均发生了一定的元素扩散；同时，从线扫描曲线变化可以看出，在连接界面处发生斜坡式的过度，并没有在中间位置出现台阶状平缓的线扫曲线。这说明在连接界面处没有金属间化合物相生成。此外，对比发现，在镁/铝合金连接界面的元素扩散层厚度大于钛/铝合金连接界面的元素扩散层厚度，这与异质元素扩散的激活能有关[24-26]。

6.7 铝过渡层镁/钛合金复合板力学性能

针对镁/铝/钛合金复合板界面微区性能和宏观复合板力学性能设计了一系列表征测试试验，采用纳米压痕仪和拉-剪试验表征复合板连接界面的强度，采用拉伸和弯曲试验表征复合板的整体性能。

6.7.1 复合板显微硬度

采用纳米压痕仪分别对钛/铝合金连接界面和镁/铝合金连接界面进行微区硬度测试，并记录加载和卸载过程的载荷-位移曲线，得到了如图6-20和图6-21所示的结果。

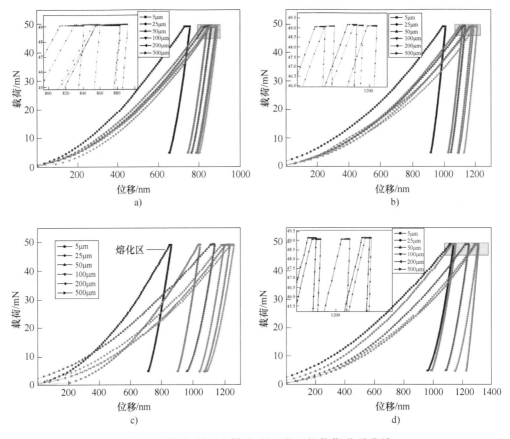

图6-20 钛/铝界面和镁/铝界面微区的载荷-位移曲线

a）钛/铝合金连接界面的钛基体侧　b）钛/铝合金连接界面的铝基体侧
c）铝/镁合金连接界面的铝基体侧　d）铝/镁合金连接界面的镁基体侧

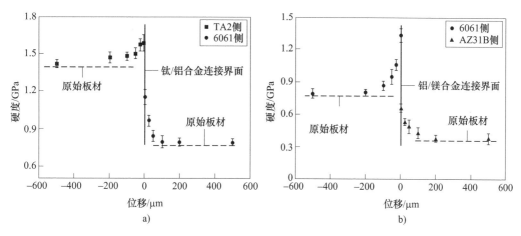

图 6-21　钛/铝合金连接界面和镁/铝合金连接界面微区的硬度分布

a）钛/铝连接界面　b）镁/铝连接界面

从图 6-21 可以看出，钛/铝合金连接界面和镁/铝合金连接界面近界面区的硬度值明显高于远离界面区的硬度值；且随着离连接界面位移的增加，硬度值呈下降的趋势。这主要是由于在爆炸冲击载荷的作用下，近界面区材料发生的塑性变形较大，使得基体材料的加工硬化现象明显。这与爆炸焊接复合制备的镁/铝合金复合板界面硬度分布趋势相似。

图 6-22　镁/铝/钛合金复合板的拉-剪试验试样宏观形貌图

6.7.2　复合板连接界面剪切强度

为了表征镁/铝/钛合金复合板连接界面的结合强度，设计了拉-剪试验，其试样宏观形貌如图 6-22 所示。共设计三组对照组，得到的连接界面剪切强度见表 6-2。

表 6-2　镁/铝/钛合金复合板拉-剪试验结果

复合板试样	黏结面积 s/mm^2	最大压力 F/kN	剪切强度 τ/MPa	平均剪切强度 τ/MPa
试样 1	10×3.1	2.32	74	73
试样 2	10×3.08	2.46	76	
试样 3	10×3.12	2.18	69	

镁/铝/钛合金复合板的拉-剪试验失效断裂位置均为镁/铝合金连接界面处（图 6-23），这说明对于镁/铝/钛合金复合板，镁/铝合金连接界面强度比钛/铝合金连接界面的强度低，其镁/铝合金连接界面平均结合强度值为 73MPa。进一步对镁合金侧断口形貌进行 SEM 和 EDS 分析，得到如图 6-24 所示的结果。

图 6-24b~d 分别为图 6-24a 中位置 B、C 和 D 区域的局部放大图。综合分析图 6-23 和图 6-24，对于镁/铝/钛合金复合板的镁合金侧发生了明显的塑性变形，在连接界面的断面

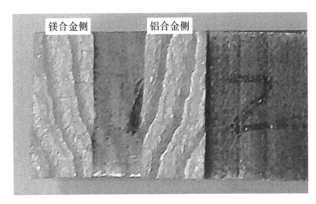

图 6-23　镁/铝/钛复合板从镁/铝合金连接界面失效断裂后试样的宏观形貌图

图上可见明显的类似"峰-谷状"的波状形貌。波峰处的断口形貌（图 6-24c）和波谷处的断口形貌（图 6-24d）均为典型的脆性断口形貌。由图 6-24d～f 的断口面扫描图可知，钛/铝/镁复合板拉-剪试验后的铝/镁合金连接界面断口处出现了由于局部熔化形成的镁、铝金属化合物。这一结果也与图 6-18 中的熔化区对应。

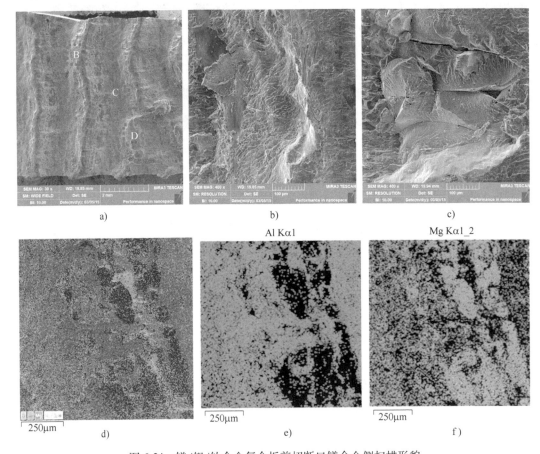

图 6-24　镁/铝/钛合金复合板剪切断口镁合金侧扫描形貌

复合板拉-剪试验后镁/铝/钛合金从铝/镁合金连接界面处断裂,其原因为:①钛/铝合金连接界面的波形呈细小的小波形界面,而铝/镁合金连接界面的波形远大于钛/铝合金连接界面波形。根据参考文献[5,27]可知,爆炸焊接形成的复合板波形界面的强度大于平直界面,且小波形界面结合强度大于大的波形界面结合强度。②在铝/镁合金连接界面出现了局部熔化区。铝/镁合金连接界面的局部熔化区组织一般是由铝/镁金属间金属化合物或铝-镁共晶组织的硬脆相[28,29]。在剪切力的作用下,连接界面处的局部熔化区(即为连接界面的薄弱区)会大大削弱铝/镁合金连接界面的结合强度。

6.7.3　复合板拉伸性能

拉伸试验是在确定的试验条件下,对标准试样两夹持端缓慢施加单向载荷作用,直至试样断裂,最后测定材料强度的一种力学性能试验。对于爆炸焊接镁/铝/钛合金复合板进行单项拉伸试验,可以研究镁/铝/钛合金复合板的断裂情况及各层的结合情况。图 6-25 所示为镁/铝/钛合金复合板的拉伸试样断裂后的宏观形貌图,图 6-26 所示为镁/铝/钛合金复合板拉伸断裂曲线。

图 6-25　镁/铝/钛合金复合板拉伸试样断裂后的宏观形貌图

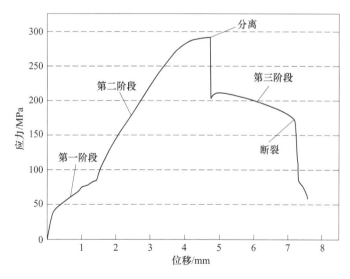

图 6-26　镁/铝/钛合金复合板拉伸断裂曲线

由图 6-26 可知,镁/铝/钛合金复合板的断裂经过三个阶段,拉伸开始时应力先上升一段时间,上升速率较快,然后在第一阶段处上升速率开始降低,分析认为由于镁/铝/钛合金复合板在爆炸焊接过程中基、覆板发生剧烈变形，试样并不是平直试样，表面有一定轻微的弯曲度，所以在初期加载过程中，会发生相应的调整，应力的上升速率也随之发生改变，经过适当调整后，镁/铝/钛合金复合板在拉伸载荷的作用下试样变得平整，上升速率增大，直至镁/铝/钛合金复合板发生分离[30,31]。

由图 6-26 可以看出，复合板经历了一定的塑性阶段，最高载荷达到 290MPa，在镁/铝合金连接界面发生分离，载荷在该处急速下降，然后裂纹沿着连接界面传播，应力继续平缓下降，直至最后在基板镁合金侧断裂。在整个断裂过程中，钛/铝合金连接界面并没有发生分离断裂。因此认为，在镁/铝/钛合金复合板的断裂过程中，由于钛合金板材的强度较高，因而断裂发生在镁/铝合金连接界面。另一种原因可能为钛/铝合金连接界面的波形较小，而镁/铝合金连接界面波形较大，导致钛/铝合金连接界面的结合强度较大。

6.7.4 复合板弯曲性能

在爆炸焊接获得的镁/铝/钛合金复合板良好接合区域内截取弯曲试验试样。在万能试验机上进行弯曲试验，试验速率为 1mm/min。弯曲试验前后试样的宏观形貌如图 6-27 所示，试验的载荷-位移曲线如图 6-28 所示。

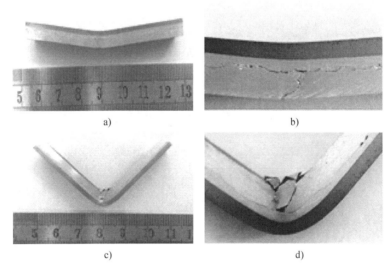

a)　　　　　　　　　　　　　b)

c)　　　　　　　　　　　　　d)

图 6-27　镁/铝/钛合金复合板弯曲试验试样形貌图
a) 正弯图　b) 背弯图　c) 正弯界面放大图　d) 背弯界面放大图

由图 6-27 可知，正弯实验时，复合板经受变形的能力较差，位移为 4mm（即发生了断裂），且断裂首先发生在镁/铝合金连接界面，随后由于镁合金的塑性变形能力较差，在镁合金侧发生断裂。从载荷-位移曲线也可以看出，断裂呈脆性断裂，并没有发生塑变过程。反之，当对复合板进行反弯实验时，复合板的弯折角达到了 90°，由于钛的塑性较好且具有较高的强度，随着载荷的继续增大导致镁合金破碎，但此过程中钛/铝合金连接界面并没有发生分离。这样的结果与镁/铝/钛合金复合板的拉伸结果也是相似的，说明钛/铝合金连接界面的结合强度比镁/铝合金连接界面的结合强度高。因此可以认为，爆炸焊接后镁/铝/钛合金金属复合板在弯曲过程中，正弯及反弯过程中表现为不同的断裂情况，且由于钛的塑性

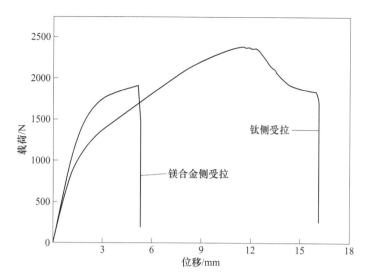

图 6-28   镁/铝/钛合金三层金属爆炸焊接复合板弯曲试验载荷-位移曲线图

变形好、强度较高，反弯过程中更容易承受更大的强度[32]。

由图 6-27 和图 6-28 可知，钛/铝/镁合金复合板的弯曲性能不同于均质材料的性能，钛侧受拉时的弯曲性能明显优于镁合金侧受拉时的弯曲性能。弯曲试验试样断裂失效的起始位置均是沿着铝/镁合金连接界面撕裂，从镁合金侧剪切断裂。

6.8 本章小结

本章针对镁/钛合金复合板和镁/铝/钛合金复合板的宏观形貌、界面微观组织和复合板力学性能进行了系统分析研究，并对后续热处理工艺参数下，复合板连接界面扩散行为和力学性能进行了对比分析研究。主要结论如下：

1）通过合适的爆炸焊接工艺成功获得镁/钛合金复合板和镁/铝/钛合金复合板。其中，镁/钛合金连接界面呈平直界面特征，而镁/铝/钛合金复合板的镁/铝连接界面和铝/钛连接界面均为波形形貌。

2）镁/钛合金复合板和镁/铝/钛合金复合板的连接界面硬度值均高于基体的硬度值。

3）对比复合板的力学性能，镁/铝/钛合金复合板连接界面的力学性能较好，剪切强度平均值为 73MPa，与镁/钛合金复合板的 64MPa 相比，有了明显提高；镁/铝/钛合金复合板的拉伸强度达 290MPa，比镁合金的抗拉强度 210MPa 提高了 38%；在整个断裂过程中，镁/铝合金连接界面发生分离而铝/钛合金连接界面并没有发生分离断裂，这是由于钛的结合强度较高并且铝/钛合金连接界面呈细小波纹，导致铝/钛合金连接界面的结合强度较高。正弯试验时镁合金侧发生断裂，而反弯时弯折角可达 90°同样在镁/铝合金连接界面发生断裂，同样证明了铝/钛合金连接界面的结合强度比镁/铝合金连接界面的结合强度高。

4）热处理过程中，连接界面元素发生了一定的扩散，且随着热处理温度的升高、保温时间的增长，连接界面的元素扩散程度明显增强。连接界面元素线扫结果表明，镁、钛元素在连接界面处发生了不同程度的扩散。镁/铝/钛合金复合板在热处理过程中，连接界面的铝元素作为一种过渡元素，可促进连接界面的 Al-Ti 和 Al-Mg 元素扩散及冶金反应。

参 考 文 献

[1] 翟伟国. 钛-钢和铜-钢爆炸复合板的性能及界面微观组织结构 [D]. 南京：南京航空航天大学，2013.

[2] 武佳琪. 镁/钛异种金属爆炸焊接界面微观组织及性能的研究 [D]. 太原：太原理工大学，2015.

[3] 夏鸿博. 钛-铝爆炸复合板的性能及其界面微观结构 [D]. 南京：南京航空航天大学，2014.

[4] GRIGNON F, BENSON D, VECCHIO K S, et al. Explosive welding of aluminum to aluminum：analysis, computations and experiments [J]. International Journal of Impact Engineering, 2004, 30 (10)：1333-1351.

[5] WRONKA B. Testing of explosive welding and welded joints. The microstructure of explosive welded joints and their mechanical properties [J]. Journal of Materials Science, 2010, 45 (13)：3465-3469.

[6] ZHANG Z, PENG L, LIU L R, et al. Study on defects of large-sized Ti/Steel composite materials in explosive welding [J]. Procedia Engineering, 2011, 16：14-17.

[7] BATAEV I A, BATAEV A A, MALI V I, et al. Structural and mechanical properties of metallic-intermetallic laminate composites produced by explosive welding and annealing [J]. Materials & Design, 2012, 35：225-234.

[8] MOUSAVI S, AL-HASSANI S, ATKINS A G. Bond strength of explosively welded specimens [J]. Materials & Design, 2008, 29 (7)：1334-1352.

[9] MOUSAVI S, SARTANGI P F. Experimental investigation of explosive welding of cp-titanium/AISI 304 stainless steel [J]. Materials & Design, 2009, 30 (3)：459-468.

[10] AONUMA M, NAKATA K. Effect of alloying elements on interface microstructure of Mg-Al-Zn magnesium alloys and titanium joint by friction stir welding [J]. Materials Science & Engineering B, 2009, 161 (1)：46-49.

[11] XIA H B, WANG S G, BEN H F. Microstructure and mechanical properties of Ti/Al explosive cladding [J]. Materials & Design, 2014, 56 (4)：1014-1019.

[12] KAYA Y, KAHRAMAN N. An investigation into the explosive welding/cladding of Grade A ship steel/AISI 316L austenitic stainless steel [J]. Materials & Design, 2013, 52：367-372.

[13] YAN Y B, ZHANG Z W, SHEN W, et al. Microstructure and properties of magnesium AZ31B-aluminum 7075 explosively welded composite plate [J]. Materials Science & Engineering A, 2010, 527 (9)：2241-2245.

[14] ZHEN L, ZOU D L, XU C Y, et al. Microstructure evolution of adiabatic shear bands in AM60B magnesium alloy under ballistic impact [J]. Materials Science & Engineering (A), 2010, 527 (21)：5728-5733.

[15] MURRAY J L. The Mg-Ti (Magnesium-Titanium) system [J]. Bulletin of Alloy Phase Diagrams, 1986, 7 (3)：245-248.

[16] MANIKANDAN P, HOKAMOTO K, FUJITA M, et al. Control of energetic conditions by employing interlayer of different thickness for explosive welding of titanium/304 stainless steel [J]. Journal of Materials Processing Technology, 2008, 195 (1/3)：232-240.

[17] ZOU D L, ZHEN L, XU C Y, et al. Characterization of adiabatic shear bands in AM60B magnesium alloy under ballistic impact [J]. Materials Characterization, 2011, 62 (5)：496-502.

[18] LEE K S, KWON Y N, LEE Y S, et al. Influence of secondary warm rolling on the interface microstructure

and mechanical properties of a roll-bonded three-ply Al/Mg/Al sheet ［J］. Materials Science & Engineering （A）, 2014, 606: 205-213.

［19］ MACWAN A, JIANG X Q, LI C, et al. Effect of annealing on interface microstructures and tensile properties of rolled Al/Mg/Al tri-layer clad sheets ［J］. Materials Science & Engineering （A）, 2013, 587: 344-351.

［20］ BALASUBRAMANIAN V, MAHENDRAN G, SENTHILVELAN T. Influences of diffusion bonding process parameters on bond characteristics of Mg-Cu dissimilar joints ［J］. Transactions of Nonferrous Metals Society of China, 2010, 20 （6）: 997-1005.

［21］ YUAN X J, SHENG G M, LUO J, et al. Microstructural characteristics of joint region during diffusion-brazing of magnesium alloy and stainless steel using pure copper interlayer ［J］. Transactions of Nonferrous Metals Society of China, 2013, 23 （3）: 599-604.

［22］ ZHANG L J, QIANG P, ZHANG J X, et al. Study on the microstructure and mechanical properties of explosive welded 2205/X65 bimetallic sheet ［J］. Materials & Design, 2014, 64 （9）: 462-476.

［23］ 张婷婷, 王文先, 魏屹, 等. 钛/铝/镁爆炸焊复合板波形界面及力学性能 ［J］. 焊接学报, 2017, 38 （8）: 33-36.

［24］ MANIKANDAN P, LEE J O, MIZUMACHI K, et al. Underwater explosive welding of thin tungsten foils and copper ［J］. Journal of Nuclear Materials, 2011, 418 （1/3）: 281-285.

［25］ RAMAZAN K, MUSTAFA A. An investigation on the explosive cladding of 316L stainless steel-din-P355GH steel ［J］. Journal of Materials Processing Technology, 2004, 152 （1）: 91-96.

［26］ TOPOLSKI K, WIECINSKI P, SZULC Z, et al. Progress in the characterization of explosively joined Ti/Ni bimetals ［J］. Materials & Design, 2014, 63 （11）: 479-487.

［27］ 韩顺昌. 爆炸焊接界面相变与断口组织 ［M］. 北京: 国防工业出版社, 2011.

［28］ 刘飞. 镁/铝异种金属焊接焊缝金属间化合物的调控与微观组织优化 ［D］. 大连: 大连理工大学, 2015.

［29］ 张婷婷. 铝/镁合金爆炸焊接界面连接机制及组织特征 ［D］. 太原: 太原理工大学, 2017.

［30］ AGGERBECK M, JUNKER-HOLST A, NIELSEN D V, et al. Anodisation of sputter deposited aluminium-titanium coatings: Effect of microstructure on optical characteristics ［J］. Surface & Coatings Technology, 2014, 254: 138-144.

［31］ LEE K S, KIM J S, JO Y M, et al. Interface-correlated deformation behavior of a stainless steel-Al-Mg 3-ply composite ［J］. Materials Characterization, 2013, 75: 138-149.

［32］ STOLBCHENKO M, GRYDIN O, NüRNBERGER F, et al. Sandwich rolling of twin-roll cast aluminium-steel clad strips ［J］. Procedia Engineering, 2014, 81: 1541-1546.

第7章

镁合金/不锈钢爆炸焊接复合板的界面连接行为

07

7.1 引言

基于不锈钢的高强度和优异的耐蚀性，提出镁合金/不锈钢复合板材的爆炸焊接复合制备。基于镁合金和不锈钢组元的物理、化学和力学属性存在极大的差异，重点探讨在爆轰波作用下，镁合金基板与不锈钢覆板在连接界面微区的塑性形变和物理化学冶金反应，进一步揭示镁合金/不锈钢复合板半波形界面的形成过程、影响因素及界面接合机理。

7.2 复合板的制备工艺

采用平行放置法进行镁合金/不锈钢复合板的爆炸焊接复合试验，其示意图如图 7-1 所示。基板为 AZ31B 镁合金板材，板材尺寸为 300mm×600mm×10mm；覆板为 304 不锈钢板材，板材尺寸为 350mm×650mm×3mm。采用爆炸焊接工艺制备镁合金/不锈钢复合板时，覆板与基板的间距为 5mm，炸药量厚度为 25mm。

AZ31B 镁合金和 304 不锈钢的化学成分和力学性能（室温下）见表 7-1 和表 7-2。对原始镁合金和 304 不锈钢的金相组织进行观察分析，得到如图 7-2 所示的结果。由图 7-2a 可知，AZ31B 镁合金组织为退火态再结晶组织，呈多边形晶粒形貌，平均晶粒尺寸为 20μm；304 不锈钢的组织为规则的多边形晶粒形貌。

表 7-1 AZ31B 镁合金和 304 不锈钢的化学成分（质量分数,%）

材料	Cr	Mn	Zn	Si	Fe	Ni	Al	Mg
AZ31B 镁合金	—	0.63	1.10	0.1	0.005	—	3.02	其余
304 不锈钢	18.0~20.0	<2.0	—	<1.0	其余	8.0	—	—

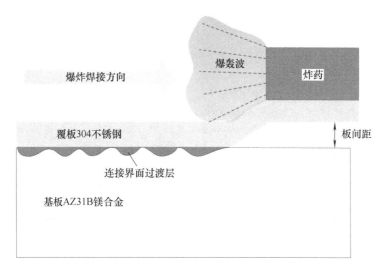

图 7-1　镁合金/不锈钢爆炸焊接复合板制备工艺示意图

表 7-2　AZ31B 镁合金和 304 不锈钢的力学性能（室温下）

材料	抗拉强度 R_m/MPa	屈服强度 R_p/MPa	伸长率 A(%)	硬度 HV
AZ31B 镁合金	238	152	14	68
304 不锈钢	520	260	45	220

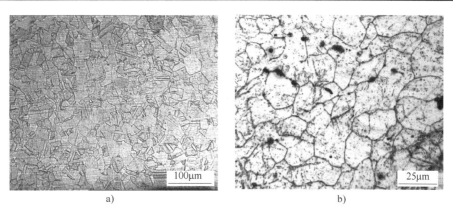

图 7-2　原始镁合金和 304 不锈钢的金相组织形貌

a）AZ31B 镁合金　b）304 不锈钢

7.3　复合板连接界面结构特征

7.3.1　复合板连接界面结构形貌

对爆炸焊接复合制备的镁合金/不锈钢复合板的宏观形貌及界面结构形貌进行观察表征，得到如图 7-3 所示的结果。图 7-3a 所示为复合板的外观图，采用超声探伤对复合板连接界面的复合率进行分析。对复合区的镁合金/不锈钢复合板连接界面的结构形貌、物相成分进行 SEM 和 EDS 表征分析，得到图 7-3b~f 所示的结果。

由图 7-3b 所示的镁合金/不锈钢复合板连接界面形貌可以发现，沿着爆炸焊接方向，连

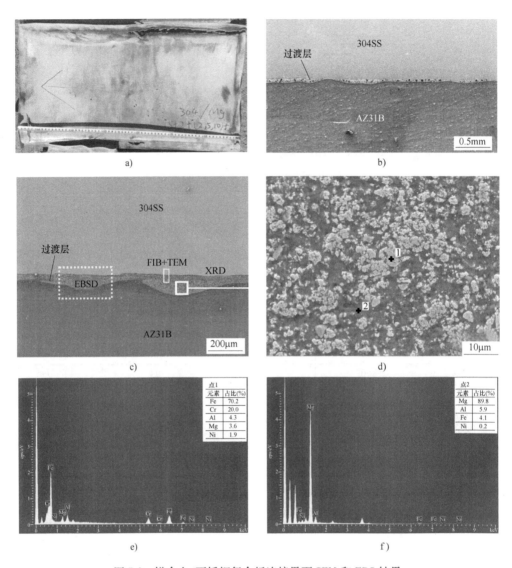

点1	
元素	占比(%)
Fe	70.2
Cr	20.0
Al	4.3
Mg	3.6
Ni	1.9

点2	
元素	占比(%)
Mg	89.8
Al	5.9
Fe	4.1
Ni	0.2

图 7-3 镁合金/不锈钢复合板连接界面 SEM 和 EDS 结果

接界面形貌呈半波形界面，即靠近覆板不锈钢侧为平直界面，而靠近镁合金侧为典型的波纹状界面；其连接界面形成一层明显的过渡层。其连接界面形貌，明显区别于常规爆炸焊接镁/铝合金[1-3]、钢/钛合金的波状连接界面[4,5]，镁/铜合金复合板的类波状连接界面[6]和镁/钛合金的平直状连接界面[7]。在爆炸冲击载荷作用下，影响连接界面形貌的因素主要有基体材料的物理属性（密度、屈服强度）和爆炸焊接参数[8-10]。对于镁合金基板与不锈钢覆板，由于 AZ31B 镁合金的密度、熔点和屈服强度远小于 304 不锈钢，故在连接界面 AZ31B 镁合金板材表面更容易形成熔融液相金属射流，且更容易发生屈服而形成明显的塑性形变。因此，在周期性爆轰波冲击载荷作用下，镁合金侧金属发生周期性塑性形变，形成波纹状连接界面形貌，不锈钢侧因基体未达到屈服形变的条件而呈现平直状连接界面形貌。

对图 7-3c 所示的镁合金/不锈钢复合板连接界面微区进行 SEM 和 EDS 点能谱分析，其结果如图 7-3d~f 所示。可以发现连接界面过渡区为黑色基体上均匀分布着细小的白色颗粒状粒子；结合能谱分析结果可推测黑色基体的成分主要为熔化的镁合金基体组织，而黑色颗粒为熔化的不锈钢基体组织。

　　进一步对镁合金/不锈钢复合板连接界面过渡区的化学成分进行 EDS 面扫描分析，其结果如图 7-4 所示。结果表明：过渡区组织成分既有镁合金基体侧的 Mg、Al 元素（图 7-4b、c），也有不锈钢侧的 Fe、Cr、Ni 等元素（图 7-4d~f）。由于镁合金基板侧的 Mg 元素和 304 不锈钢侧的 Fe、Cr、Ni 等元素基本不互溶，不会形成金属间化合物相，因此该过渡区的物相组成可能是熔化的 α-Mg 和富（Fe、Cr、Ni）的新相。

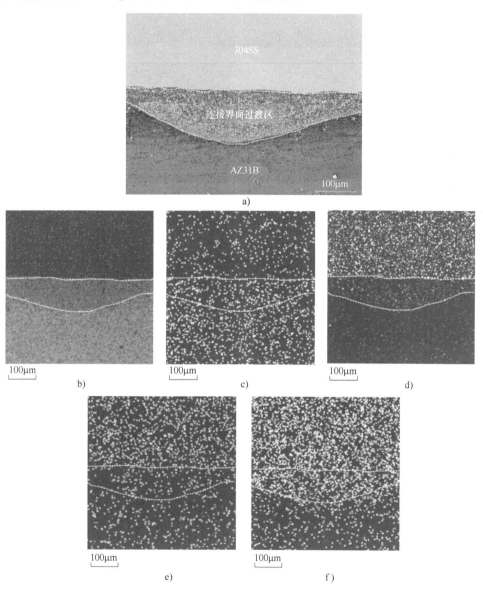

图 7-4　镁合金/不锈钢复合板连接界面过渡区的 EDS 面扫描结果

7.3.2　复合板连接界面组织物相

　　为了分析镁合金/不锈钢复合板连接界面微区的物相和成分组成，对连接界面微区进行

TEM 表征分析，TEM 试样的制样采用聚焦离子束（FIB）在连接界面位置取样（图 7-5a），

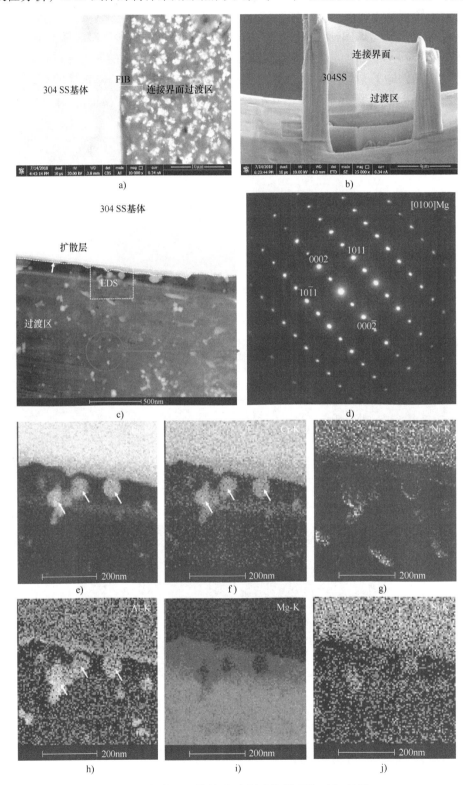

图 7-5 镁合金/不锈钢复合板连接界面的 TEM 结果

TEM 试样如图 7-5b 所示。对连接界面微区的 TEM 分析结果如图 7-5c~j 结果所示。

由图 7-5c 所示的连接界面形貌可知，在连接界面过渡区与 304 不锈钢覆板的连接界面处存在一个 100nm 厚度的扩散层，对该扩散层的成分分布进行了 EDS 面扫描分析，结果表明发生互扩散的元素主要包括 Fe、Cr、Ni、Al、Si 元素；紧挨该扩散层的是过渡区，其形貌是在黑色基体上分布着一些白色的颗粒状组织。结合 EDS 元素分析可以发现，过渡区黑色基体的主要成分为熔化凝固的 Mg 合金，而白色颗粒状物相组成为（Fe、Cr、Ni）-Al 的多元化合物相。

在爆炸焊接过程中，局部金属熔化凝固和元素扩散的冶金连接界面结构为元素互扩散层、局部基体金属（包括 304 不锈钢覆板和 AZ31B 镁合金基板）熔化和凝固形成的混合区。

同时，采用 XRD 对镁合金/不锈钢复合板过渡区的物相进行表征分析，镁合金/不锈钢复合板连接界面剥离断口的 XRD 结果如图 7-6 所示。

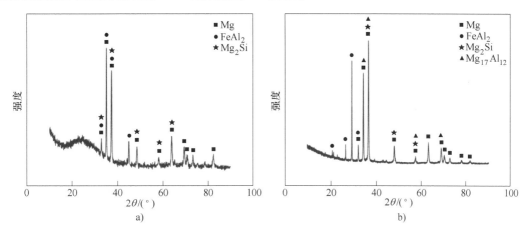

图 7-6　镁合金/不锈钢复合板连接界面剥离断口的 XRD 结果

a）304 不锈钢侧　b）AZ31B 镁合金侧

结果发现，在过渡区组织中，出现了从熔化的 AZ31B 镁合金金属中析出的 α-Mg 相、$Mg_{17}Al_{12}$，Mg_2Si 相和新形成的 $FeAl_2$ 相。

7.4　近界面基体组织演变特征

在爆炸冲击载荷作用下，结合复合板连接界面的结构形貌特征可证实镁合金基板和不锈钢覆板在近界面区发生塑性形变。采用 EBSD 对复合板连接界面近界面区两侧基体的组织演变进行表征分析，得到结果如图 7-7 所示。由图 7-7a 所示的母材图可以发现，过渡区的组织形貌呈细小的等轴晶组织，其晶粒形貌接近镁合金侧的组织形貌特征；靠近连接界面不锈钢侧的组织形貌为多边形晶粒，而靠近连接界面的镁合金侧组织呈细小的动态再结晶晶粒形貌。由图 7-7b 所示的反极图可以发现，在过渡区靠近镁合金侧，出现了明显的柱状晶组织形态，这是典型的熔化-凝固结晶形貌特征[11,12]。因此，可以推断，该区域在爆炸焊接过程中，发生了局部金属的熔化-凝固结晶。结合本试验选用的基板镁合金和覆板 304 不锈钢的物理属性（熔点），及前述对该区域的 EDS 能谱分析结果可以推断，该区域的熔化金属既包括基板的镁合金金属，也包括覆板的不锈钢金属。

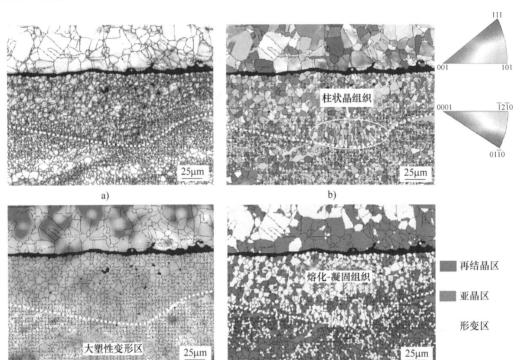

图 7-7　镁合金/不锈钢复合板连接界面过渡区的 EBSD 结果

　　由图 7-7c 的局部应变分布云图可以发现，镁合金侧靠近过渡区的金属区域存在高应变区域。这主要是镁合金基体发生较大的塑性变形引起的。由图 7-7d 所示的再结晶组织分布结果可以发现，过渡区金属主要以变形晶粒和亚晶组织为主；而镁合金侧近界面区组织以动态再结晶晶粒为主，不锈钢侧靠近过渡区组织以变形晶粒和亚晶组织为主。

7.5　复合板连接界面的接合机理

　　综合前述镁合金/不锈钢爆炸焊接复合板连接界面的结构形貌、组织演变和物相组成结果分析可推测，在爆轰波作用下，半波状形貌的连接界面形成原因可以根据图 7-8 所示的示意图解释。

　　由图 7-8 可知，采用炸药量爆炸产生的能量使覆板 304 不锈钢加速，以一定的速度和角度与基板发生倾斜碰撞（图 7-8a）。如图 7-8b 所示，在覆板与基板碰撞的瞬间，在碰撞区会形成大量的射流粒子。一般而言，射流粒子的贡献量与基板和覆板的物理属性相关，材料的密度越低，对射流粒子的贡献量越大。同时，在碰撞区，由于基板 AZ31B 镁合金的屈服强度远低于覆板 304 不锈钢的屈服强度，故镁合金侧发生明显的屈服，形成了明显的波形界面特征，而对应不锈钢侧不容易发生屈服，仍保持原始的平直界面（图 7-8c），这是镁合金/不锈钢连接界面的半波形界面形貌形成的主要原因。在爆炸焊接过程中，爆轰波作用是周期性的载荷作用，所以沿着爆炸焊接方向，复合板连接界面会形成周期性的半波形界面（图 7-8d）。

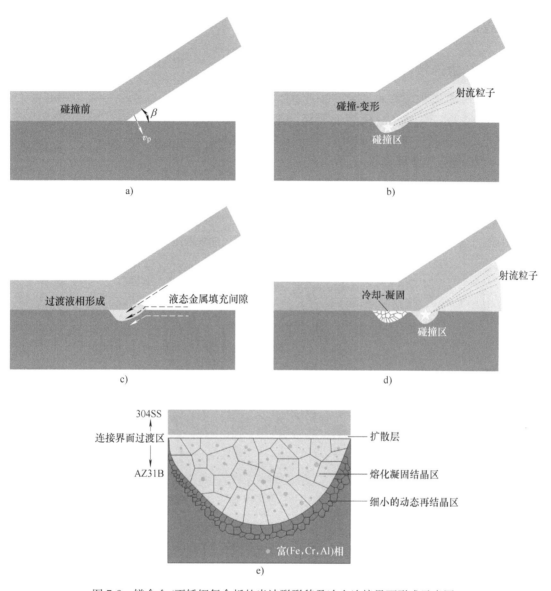

图 7-8　镁合金/不锈钢复合板的半波形形貌及冶金连接界面形成示意图

与此同时，在覆板与基板碰撞过程中，在碰撞区，由于空气瞬时压缩产生热及材料变形产生热会导致碰撞区温升明显，远超过覆板与基板的熔点，会导致局部基体材料（包括 304 不锈钢和 AZ31B 镁合金）熔化。因此，连接界面的半波形过渡区组织主要为 304 不锈钢，以及由 AZ31B 镁合金局部熔化和凝固而形成的混合组织（图 7-8），这一现象与前述 SEM 和 EDS 结果一致。由于奥氏体不锈钢中的 Fe、Cr、Ni 元素与 Mg 元素几乎不互溶，且镁合金的熔点低更易发生熔化，过渡区的熔化 Mg 占比更多。此外，在过渡区，熔化凝固的局部金属熔化区与固相基体的连接界面，由于高温作用和 Al 元素的进入，会导致在靠近 304 不锈钢基体界面形成一定的扩散层。在爆炸焊接复合板连接界面的扩散行为中，镁/铝合金[13]、镁/铜合金复合板[9]均发现有相似的现象。

7.6 复合板的力学性能

7.6.1 复合板连接界面微区性能

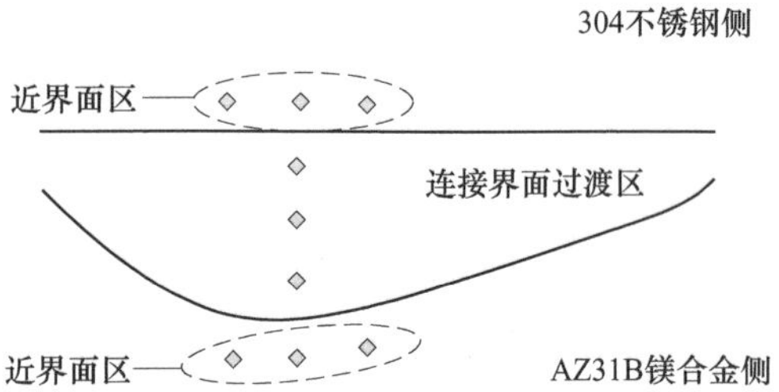

对镁合金/不锈钢复合板连接界面微区进行纳米压痕试验，测试区域包括近界面的覆板、基板的基体区及连接界面过渡区，如图 7-9 所示，与爆炸前的覆板 304 不锈钢和基板 AZ31B 镁合金的原始态纳米压痕实验结果进行对比分析，其测试结果如图 7-10 所示。其中，纳米压痕实验过程中，以定载荷进行，加载载荷为 80mN；各区域分别进行 5 组实验，以误差棒曲线的纳米压痕的载荷-位移结果为准。

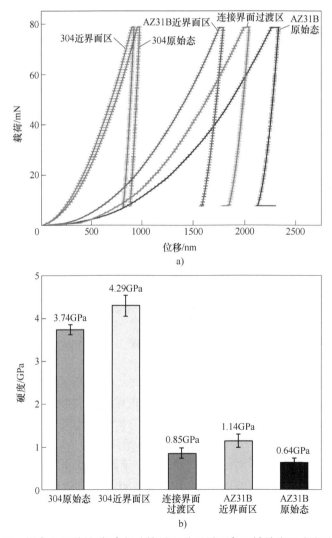

图 7-9　镁合金/不锈钢复合板的界面微区纳米压痕测试区域示意图

图 7-10　镁合金/不锈钢复合板连接界面及近界面各区域纳米压痕实验结果

由图 7-10 所示的镁合金/不锈钢复合板连接界面及近界面各区域纳米压痕实验结果，可以发现：304 不锈钢基体爆炸焊接前和爆炸焊接后（304 近界面区）的载荷-位移曲线相近（图 7-10a）；爆炸焊接后，在同等加载载荷作用下，最大加载位移约为 910nm，对应原始覆板的最大载荷位移约为 954.5nm；由图 7-10b 可知，其平均硬度值分别为 3.74GPa 和 4.29GPa，这一结果也说明，在爆炸焊接冲击载荷作用下，304 不锈钢侧没有发生明显的塑性变形，导致加工硬化的发生。

AZ31B 镁合金侧的纳米压痕结果如图 7-10a 所示，由 AZ31B 近界面区的载荷-位移曲线表明，在 80mN 的载荷作用下，最大加载位移值为 902.3nm 左右，该值略低于原始 304 不锈钢侧的实验结果。由连接界面过渡区的纳米压痕结果可以发现，AZ31B 近界面区的载荷位移-曲线中，镁合金侧变形区最大加载位移值（约 2000.8nm）介于连接界面过渡区的最大加载位移值（约 1752.3nm）和原始态 AZ31B 镁合金的最大加载位移值（约 2268.3nm）之间。结合各区域纳米压痕硬度值的结果，在爆炸冲击载荷作用下，AZ31B 镁合金侧近界面区的硬度值约为 1.14GPa，该硬度值高于界面过渡区的平均硬度值（0.85GPa）和原始态镁合金的平均硬度值（0.64GPa）。

这一结果也进一步证实了，在爆炸冲击载荷作用下，复合板连接界面过渡区域的物相组成更接近于 AZ31B 镁合金的物相组成；但由于局部熔化的 304 不锈钢粒子的进入，导致该区域的平均硬度值高于原始态的 AZ31B 镁合金硬度值。镁合金侧近界面区的硬度值高于原始态基体的硬度值，其原因是在爆炸冲击载荷的作用下，镁合金板材近界面侧基体发生较大的塑性变形，导致加工硬化和产生细小再结晶晶粒组织。材料形变引起的加工硬化和细晶引起的强化效应均会呈现硬度值的增大[11,14]。

7.6.2　复合板拉伸性能

综前所述，对比分析爆炸焊接冲击载荷作用制备的镁合金/不锈钢复合板、镁/铜合金复合板和镁/铝合金复合板连接界面的形貌特征、物相组成和界面接合机理，可以发现，除了传统典型的波形连接界面形貌（镁/铝合金复合板），类波形界面和半波形界面形貌特征的复合板同样是爆炸焊接复合板的一种形貌特征，这无疑拓宽了采用传统焊接或连接技术无法实现的镁合金/不锈钢、镁/铜合金等异质金属的连接制备方法。此外，综合分析影响复合板连接界面形貌的特征，其形成原因主要与试验用板材金属的物理（密度和熔点）和力学属性（屈服强度）相关（表 7-3），当覆板与基板的物理、力学属性越接近，爆炸焊接冲击载荷作用下制备的复合板连接界面形貌越接近标准的波形界面；覆板与基板金属的物理和力学属性差异越大，即使可以实现异质金属连接界面的复合，但由于异质金属的协调变形差异大，会出现类波形或者半波形形貌的界面特征。

表 7-3　三组复合板连接界面形貌特征及实验金属板材的物理和力学属性

复合板	界面形貌	材料	物理属性		室温力学性能		
			密度 /(g/cm³)	熔点 /℃	硬度 HV	抗拉强度 /MPa	屈服强度 /MPa
AZ31B/6061	波形	AZ31B	1.74	630	68	238	152
AZ31B/6061	波形+漩涡	6061	2.7	660	82	285	160
AZ31B/H68Cu	类波形	H68Cu	8.5	1193	115	236	202
AZ31B/304SS	半波形	304SS	7.93	1440	220	520	260

对比分析三组典型金属复合板的界面结合机理可以发现，在爆炸冲击载荷作用下均形成了冶金接合的过渡区，过渡区的物相组成为覆板金属和基板金属的基体金属局部熔化、凝固形成的混合物相；过渡区金属与基体金属的连接界面均形成了一定的扩散层；此外，在近界面区基体金属发生了不同程度的塑性变形和加工硬化。

对镁合金/不锈钢、铜/镁合金、铝/镁合金复合板连接界面进行剪切试验分析其界面结合强度，其结果如图7-11所示。结果表明：漩涡结构的铝/镁合金复合板剪切试验最大载荷为6438.4N，即连接界面剪切强度达到218.0MPa；波形连接界面的铝/镁合金复合板剪切试验最大载荷为6030.0N，即连接界面剪切强度达到了201.2MPa；类波形连接界面的铜/镁合金复合板连接界面剪切试验最大载荷为4730.0N，即连接界面剪切强度达到了147.8MPa；半波形连接界面的镁合金/不锈钢复合板剪切试验最大载荷为4110.0N，即连接界面剪切强度达到了128.4MPa。

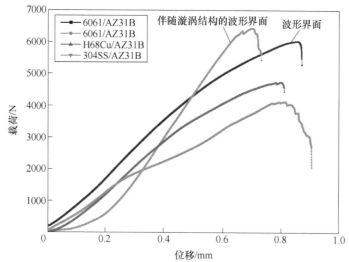

图7-11　三组金属复合板连接界面的剪切强度

7.7　本章小结

本章采用爆炸焊接方法制备了镁合金/不锈钢复合板，并对其连接界面形貌、连接界面物相组成、连接界面结合机理和连接界面结合强度进行了分析研究与其他典型界面形貌的镁/铝合金复合板、镁/铜复合板界面结合强度进行对比分析。得出以下结论：

1）采用合适爆炸焊接工艺可成功制备镁合金/不锈钢复合板，其连接界面呈现半波形的特征。

2）连接界面过渡区组织为典型的融化凝固态组织形貌，由底部柱状晶和中心区域线的等轴晶组成。

3）结合TEM分析发现，304不锈钢与界面过渡层连接界面形成80nm厚的扩散层，故镁合金/不锈钢复合板的界面结合是扩散反应、熔化凝固的冶金结合机理。

4）三组典型复合板连接界面的结合强度分别是：漩涡结构的铝/镁合金复合板连接界面的剪切强度最高，剪切强度达到了218.0MPa；波形连接界面的铝/镁合金复合板连接界面剪切强度达到了 201.2MPa；类波形连接界面的铜/镁合金复合板连接界面的剪切强度达到了 147.8MPa；半波形连接界面的镁合金/不锈钢复合板连接界面的剪切强度达到了 128.4MPa。

参 考 文 献

［1］ FRONCZEK D M, CHULIST R, LITYNSKA-DOBRZYNSKA L, et al. Microstructure and kinetics of interme-tallic phase growth of three-layered A1050/AZ31/A1050 clads prepared by explosive welding combined with subsequent annealing ［J］. Materials & Design, 2017: 120-130.

［2］ YAN Y B, ZHANG Z W, SHEN W, et al. Microstructure and properties of magnesium AZ31B-aluminum 7075 explosively welded composite plate ［J］. Materials Science & Engineering A, 2010, 527 (9): 2241-2245.

［3］ ZHANG T, WANG W, ZHANG W, et al. Microstructure evolution and mechanical properties of an AA6061/AZ31B alloy plate fabricated by explosive welding ［J］. Journal of Alloys & Compounds, 2017, 735: 1759-1768.

［4］ CHEN X, INAO D, TANAKA S, et al. Comparison of explosive welding of pure titanium/SUS 304 austenitic stainless steel and pure titanium/SUS 821L1 duplex stainless steel ［J］. Transactions of Nonferrous Metals Society of China, 2021, 31 (9): 2687-2702.

［5］ ZHANG Z, PENG L, LIU L R, et al. Study on defects of large-sized Ti/Steel composite materials in explosive welding ［J］. Procedia Engineering, 2011, 16: 14-17.

［6］ ZHANG T, WANG W, ZHANG J, et al. Interfacial bonding characteristics and mechanical properties of H68/AZ31B clad plate ［J］. Metallurgy & Materials, 2022, 29 (6): 1237-1248.

［7］ JIAQI W, WENXIAN W, XIAOQING C, et al. Interface bonding mechanism and mechanical behavior of AZ31B/TA2 composite plate cladded by explosive welding ［J］. Rare Metal Materials & Engineering, 2017, 46 (3): 640-645.

［8］ CHU Q L, MIN Z, LI J H, et al. Experimental and numerical investigation of microstructure and mechanical behavior of titanium/steel interfaces prepared by explosive welding ［J］. Materials Science & Engineering (A), 2017, 689 (3): 323-331.

［9］ ZHANG T T, WANG W X, YAN Z F, et al. Interfacial morphology and bonding mechanism of explosive weld joints ［J］. Chinese Journal of Mechanical Engineering, 2021, 34 (2): 211-222.

［10］ ZHANG T T, WANG W X, ZHOU J, et al. Interfacial characteristics and nano-mechanical properties of dis-similar 304 austenitic stainless steel/AZ31B Mg alloy welding joint ［J］. Journal of Manufacturing Processes, 2019, 42 (6): 257-265.

［11］ QUAN Y J, CHEN Z H, GONG X S, et al. Effects of heat input on microstructure and tensile properties of laser welded magnesium alloy AZ31 ［J］. Materials Characterization, 2008, 59 (10): 1491-1497.

［12］ YU Z H, YAN H G, GONG X S, et al. Microstructure and mechanical properties of laser welded wrought ZK21 magnesium alloy ［J］. Materials Science & Engineering (A), 2009, 523 (1/2): 220-225.

［13］ ZHANG T T, WANG W X, ZHOU J, et al. Molecular dynamics simulations and experimental investigations of atomic diffusion behavior at bonding interface in an explosively welded Al/Mg alloy composite plate ［J］. Acta Metallurgica Sinica, 2017, 3 (10): 983-991.

［14］ YU Z H, YAN H G, GONG X S, et al. Microstructure and mechanical properties of laser welded wrought ZK21 magnesium alloy ［J］. Materials Science & Engineering (A), 2009, 523 (1): 220-225.

第8章

镁/铝合金爆炸轧制复合板制备及其界面连接行为

08

8.1 引言

对于爆炸焊接复合板，由于极速、瞬时爆炸冲击载荷作用，复合板内部产生了较大的残余应力、加工硬化和绝热剪切带组织。为了消除爆炸焊接复合过程中的残余应力、改善组织不均匀性和提高复合板性能，以及获得所需要板厚的复合板尺寸，常采用"爆炸焊接+后续轧制复合成形技术"进行复合板的加工制备。同时，爆炸轧制复合法制备的复合板兼具爆炸焊接复合板的高性能和轧制复合板的高效制备优势，是目前实际工程应用复合板的主要加工制备手段[1,2]。

针对爆炸焊接镁/铝合金复合板，由于基层镁合金晶体结构为 HCP、覆层金属铝合金晶体结构为 FCC，两者的塑性变形能力差异较大。而轧制复合理论是以两种基体金属的协调塑性变形，即连接界面的牵引变形力越均匀，越有利于复合板的轧制成形。因此，在轧制成形过程中，所有影响基层金属（镁合金板）和覆层金属（铝合金板）在连接界面协调塑性变形的工艺参数，均是决定最终制备镁/铝合金复合板质量和性能的关键。

8.2 复合板的热压缩变形行为

在制备的镁/铝合金爆炸焊接复合板上，截取出直径为 8mm、高度为 12mm 的圆柱体进行 Gleeble 热压缩实验，在复合板上的取样位置及试样尺寸示意图如图 8-1 所示。

热压缩过程在 Gleeble1500 试验机上进行，圆柱体试样两端用石墨纸润滑。设计热压缩变形实验温度分别为 573K、598K、623K、648K、673K 和 698K；应变速率分别为 $0.01s^{-1}$、$0.1s^{-1}$、$1s^{-1}$ 和 $10s^{-1}$；实验过程中升温速率为 10℃/min，达到预定温度后保温 5min，进行压缩实验，变形量为 50%，压缩后的试样立即进行水淬处理，以保留变形后的组织。热压缩实验后得到的复合板试样宏观形貌结果分别如图 8-2 和表 8-1 所示。

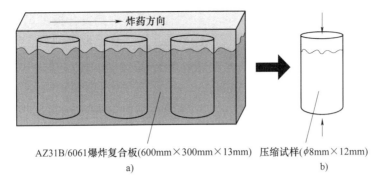

AZ31B/6061爆炸复合板(600mm×300mm×13mm)　压缩试样(φ8mm×12mm)

a)　　　　　　　　　　　　　　　b)

图 8-1　镁/铝合金爆炸焊接复合板的 Gleeble 试样取样示意图

a) 600mm×300mm×13mm AZ31B/6061 爆炸复合板　b) 压缩试样 φ8mm×12mm

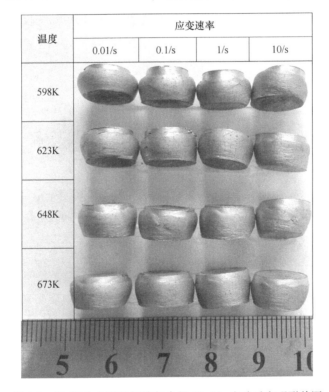

图 8-2　镁/铝合金爆炸焊接复合板 Gleeble 实验后宏观形貌图

表 8-1　镁/铝合金爆炸焊接复合板 Gleeble 实验后连接界面协调变形结果

应变速率	试验温度					
	573K	598K	623K	648K	673K	698K
$0.01/s^{-1}$	不好	不好	较好	较好	较好	界面发生局部熔化
$0.1s^{-1}$	—	不好	较好	很好	很好	—
$1/s^{-1}$	—	不好	不好	很好	较好	—
$10/s^{-1}$	—	不好	不好	较好	很好	—

注：试验时，下压量为 50%。

结合图 8-2 和表 8-1 的实验结果可知，镁/铝合金爆炸焊接复合板在 673K 下进行热压缩变形时，复合板连接界面处的整体协调变形性最佳。进一步选取不同温度和不同应变速率，对 Gleeble 热压缩实验结果的应力-应变数据进行分析，得到如图 8-3 所示的热压缩真应力-真应变曲线。

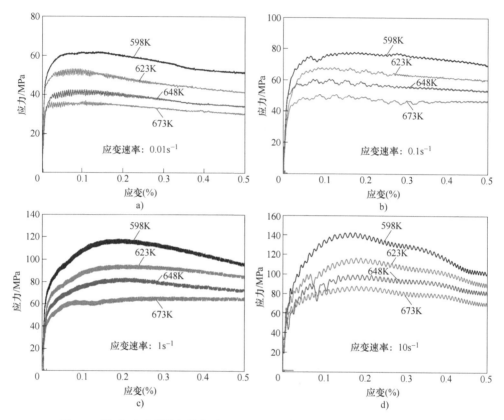

图 8-3　镁/铝合金爆炸焊接复合板 Gleeble 实验的热压缩真应力-真应变曲线

a）应变速率为 0.01s^{-1}　b）应变速率为 0.1s^{-1}　c）应变速率为 1s^{-1}　d）应变速率为 10s^{-1}

由图 8-3 可知，在热压缩过程中，镁/铝合金爆炸焊接复合板在同一应变速率下，随着实验温度的升高，材料应力呈降低的趋势；在同一温度下，随着应变速率的增大，其最大应力峰值呈现升高的趋势。即该层状复合板的峰值应力随变形温度的升高而降低，随应变速率的增大而升高，这说明镁/铝合金爆炸焊接复合板具有正应变速率敏感性。

此外，由图 8-3d 可以发现，当应变速率为 10s^{-1} 时，该复合板的真应力-真应变曲线呈现波浪形，这可能是由于材料的动态再结晶与加工硬化交替起主导作用而导致的，温度升高促进动态再结晶的演变，压缩过程中位错密度升高也可以促进动态再结晶的进行。

8.3　复合板的单道次轧制制备

8.3.1　复合板宏观形貌

复合板轧制成形过程中，复合板连接界面的协调变形是关键。结合 8.2 节的 Gleeble 实验结果，设计镁/铝合金爆炸焊接复合板的轧制成形为 400℃ 的热轧成形。进而，探讨热轧成形时，轧制压下率参数对镁/铝合金爆炸焊接复合板的成形性，设计压下率分别为 20%、30%、40% 和 50% 时的热轧实验。实验前，在热处理炉中将镁/铝合金爆炸焊接复合板加热至 400℃，并进行 5min 保温处理，实验后获得的镁/铝合金爆炸轧制复合板外观形貌如图 8-4 所示。

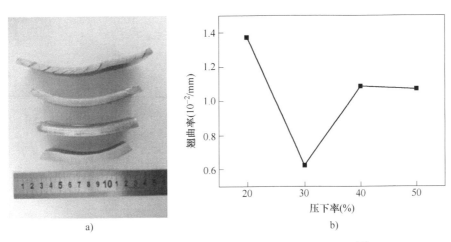

图 8-4　镁/铝合金爆炸轧制复合板外观形貌及翘曲率[3]

由图 8-4 可知，压下率为 30% 时复合板的平直度最优，且随着压下率的增大，复合板边裂现象逐渐趋于明显。

8.3.2　复合板连接界面形貌及组织成分

图 8-5 所示为镁/铝合金爆炸焊接复合板进行 400℃、5min 退火处理后的连接界面 SEM 形貌及 EDS 线扫描结果。

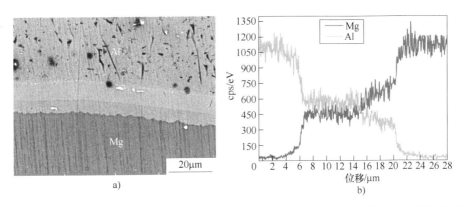

图 8-5　400℃、5min 退火处理后镁/铝合金爆炸焊接复合板连接界面 SEM 形貌和 EDS 线扫描结果[4]

图 8-6 和图 8-7 所示分别为不同压力下率镁/铝合金爆炸轧制复合板连接界面的 SEM 形貌及镁合金侧微观组织形貌图。

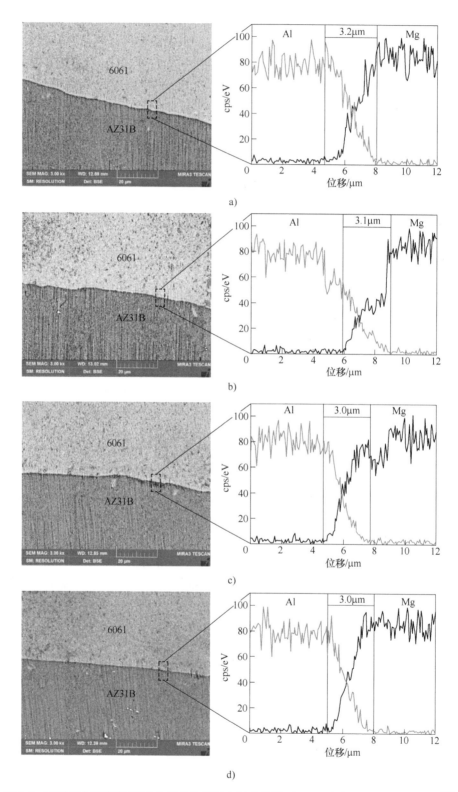

图 8-6　不同压力下率镁/铝合金爆炸轧制复合板连接界面 SEM 形貌和 EDS 线扫描结果[3]

a）压下率为 20%　b）压下率为 30%　c）压下率为 40%　d）压下率为 50%

由图 8-6 所示的复合板连接界面 SEM 形貌可以发现，镁/铝合金爆炸焊接复合板在轧制过程中，其连接界面形貌由爆炸焊接的波形界面转变为平直界面。对比图 8-5 和图 8-6 可以发现，经过一定压下率的轧制成形，复合板连接界面的扩散层厚度明显减小。由图 8-6 所示的连接界面 EDS 线扫描结果可知，经过热轧成形，复合板连接界面处的扩散层明显增厚；且随着轧制压下率的增大，界面扩散层的厚度基本不变。这可以说明，在镁/铝合金爆炸焊接复合板的热轧成形过程中，影响连接界面过渡层厚度的主要因素是轧制前热处理加热温度和保温时间。即加热温度和保温时间一定时，轧制压下率对板形翘曲影响较大，但是对连接界面元素的扩散行为几乎没有影响。

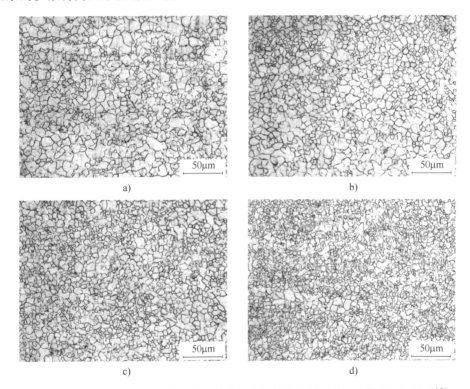

图 8-7　不同压力下率镁/铝合金爆炸轧制复合板镁合金侧近界面区微观组织形貌[3]

a) 压下率为 20%　b) 压下率为 30%　c) 压下率为 40%　d) 压下率为 50%

对比镁/铝合金爆炸焊接复合板，结合图 8-7 可以发现，经过热轧成形，镁合金侧由爆炸冲击作用形成的以孪晶和绝热剪切带为主的晶粒形貌全部转变为细小的动态再结晶晶粒形貌；随着压下率的增大，镁合金的平均晶粒尺寸呈逐渐减小的趋势。

8.3.3　复合板拉伸性能

图 8-8 和图 8-9 所示为镁/铝合金爆炸焊接复合板和对比不同轧制压下率镁/铝合金复合板的拉伸试验结果。

分析可以发现，热轧后的镁/铝合金复合板拉伸试样均发生了一定程度的缩颈现象。结合图 8-9 可以发现：爆炸轧制镁/铝合金复合板的抗拉强度和伸长率比爆炸态复合板的综合

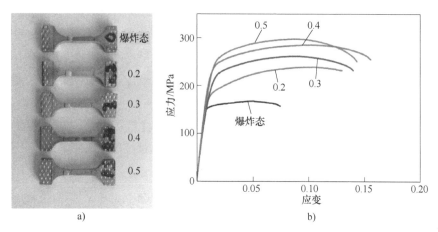

图 8-8　镁/铝合金轧制复合板拉伸试验结果[3]

a）试件宏观形貌　b）应力-应变曲线

性能优异；随着轧制压下率的增大，镁/铝合金复合板的抗拉强度呈逐渐增大的趋势，但是其伸长率呈现先增大后减小的趋势。

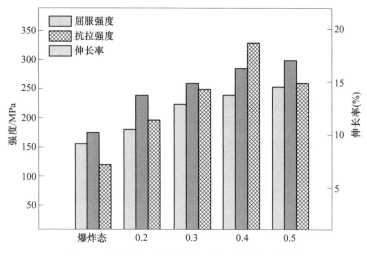

图 8-9　镁/铝合金轧制态复合板的拉伸性能[3]

8.4　复合板的多道次轧制制备

8.4.1　复合板宏观形貌

多道次轧制成形是制备不同板厚和尺寸复合板的一般方法。本节针对镁/铝合金爆炸焊接复合板设计多道次轧制成形试验，探讨其连接界面组织结构和复合板的力学性能。轧制前将镁/铝合金爆炸焊接复合板在热处理炉中加热至 400℃，并进行 5min 的保温处理；轧制的道次压下率为 30%，进行五道次的轧制成形。五道次轧制后获得的镁/铝合金复合板外观形貌如图 8-10 所示。

对镁/铝合金爆炸焊接复合板进行多道次轧制成形，对复合板厚度进行实测，发现其板厚分别为 8.58mm、6.08mm、4.32mm、3.0mm 和 2.14mm。由图 8-10 可知，复合板整体成形良好，外观上出现一定程度的翘曲。

8.4.2　退火态复合板微观组织形貌

图 8-11 所示为经五道次轧制后镁/铝合金复合板的连接界面的 SEM 形貌和 EDS 线扫描结果，可以发现复合板连接界面的过渡层厚度约为 8μm。为消除轧制过程中织构对复合板性能及各向不均匀差异大的不利影响，一般可对轧制复合板进行后续退火处理。这也是轧制复合板研究的一般思路。

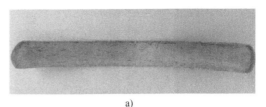

a)

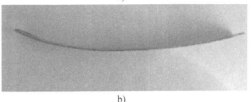

b)

图 8-10　五道次轧制后获得的镁/铝合金
复合板的外观形貌[3]

a)

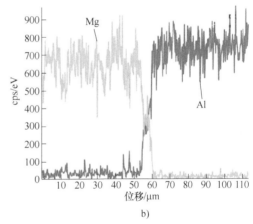

b)

图 8-11　五道次轧制后镁/铝合金复合板连接界面 SEM 形貌和 EDS 线扫描结果[3]

图 8-12 和图 8-13 所示分别为对五道次轧制成形后的镁/铝合金复合板连接界面进行 SEM 形貌和 EDS 线扫描结果。其中，轧制后的热处理工艺参数分别经 200℃、300℃ 和 400℃ 保温 1h 和 2h 的退火处理。

由图 8-13a 和 b 可知，200℃ 退火处理后，镁/铝合金复合板连接界面扩散层厚度与轧制态复合板连接界面相近，扩散层的厚度没有明显增加；随着退火温度的升高（300℃ 时），由图 8-13c 和 d 可知，界面扩散层厚度增加明显；随着热处理温度的继续升高，扩散层厚度呈明显增大的趋势，且出现明显的分层分布形态。如图 8-13e 和 f 所示，400℃ 热处理后，界面处扩散层厚度增加和分层现象最为明显，这一现象与 3.9 节爆炸焊接复合板的退火态，以及一般轧制退火态镁/铝合金复合板的形貌均相近[5-7]。靠近铝合金一侧为 Al_3Mg_2 化合物层，靠近镁合金一侧为 $Mg_{17}Al_{12}$ 化合物层。

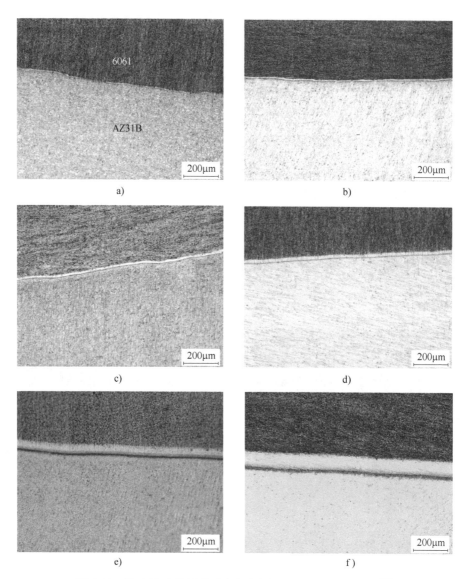

图 8-12 镁/铝合金轧制退火态复合板的连接界面 SEM 形貌[3]

a）200℃-1h b）200℃-2h c）300℃-1h d）300℃-2h e）400℃-1h f）400℃-2h

图 8-14 所示为经五道次轧制后镁/铝合金复合板的镁合金侧近界面区微观组织形貌，图 8-14b 为图 8-14a 所示组织形貌的局部放大图。图 8-15 所示为不同热处理态镁/铝合金复合板镁合金侧微观组织形貌。

结合图 8-14 和图 8-15 可以发现，多道次热轧和轧制退火态镁/铝合金复合板镁合金侧的组织形貌均呈现细小的再结晶晶粒形貌；沿着轧制方向，多道次热轧镁合金侧在板厚方向呈现一定程度的晶粒尺寸不均匀现象，即大晶粒层和小晶粒层交替排布；随着轧制退火温度的升高和热处理时间的增加，镁合金侧组织均匀性更为明显，但是平均晶粒尺寸逐渐增大。这与镁/铝合金轧制复合板成形及复合板组织性能的变化趋势相近[8,9]。

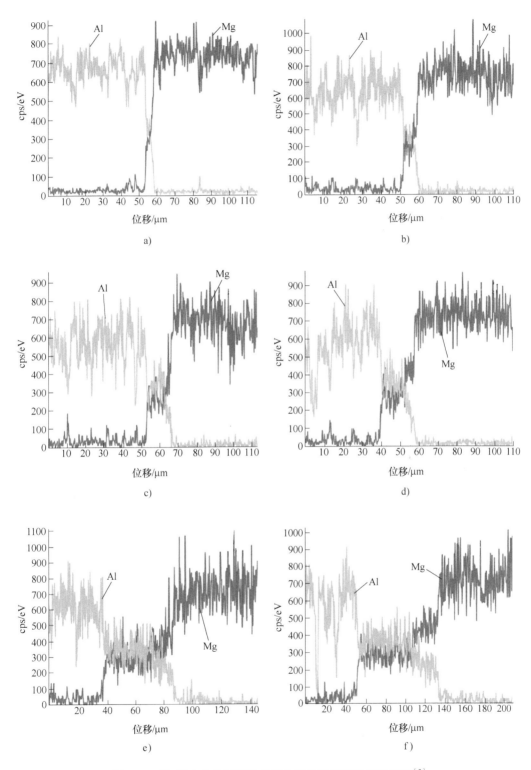

图 8-13　镁/铝合金轧制退后态复合板的连接界面 EDS 结果[3]

a）200℃-1h　b）200℃-2h　c）300℃-1h　d）300℃-2h　e）400℃-1h　f）400℃-2h

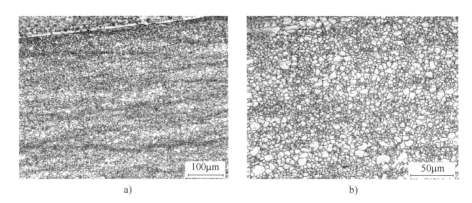

图 8-14　五道次轧制后镁/铝合金复合板镁合金侧微观组织形貌[3]

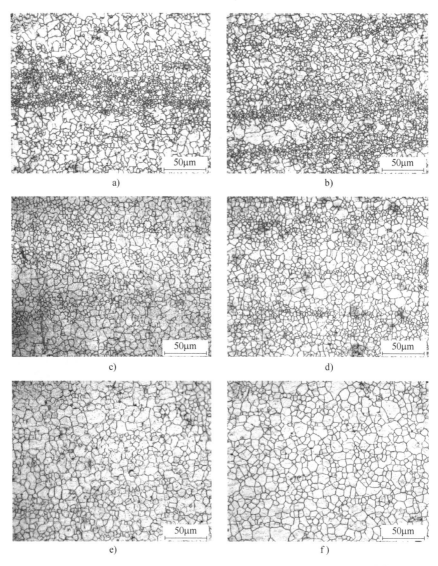

图 8-15　不同热处理态镁/铝合金复合板镁合金侧微观组织形貌[3]
a）200℃-1h　b）200℃-2h　c）300℃-1h　d）300℃-2h　e）400℃-1h　f）400℃-2h

8.4.3 退火态复合板拉伸性能

对退火态镁/铝合金复合板进行拉伸试验，得到如图 8-16 所示的应力-应变曲线和表 8-2 所列的拉伸性能结果。

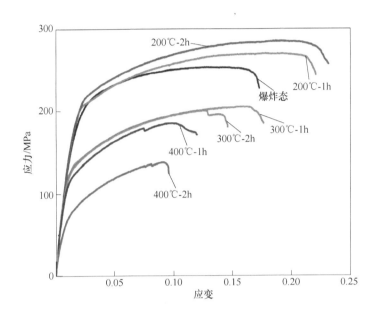

图 8-16 五道次轧制退火态镁/铝合金复合板拉伸应力-应变曲线[3]

表 8-2 五道次轧制退火态镁/铝合金复合板拉伸性能[3]

复合板	轧制态	退火态					
		200℃-1h	200℃-2h	300℃-1h	300℃-2h	400℃-1h	400℃-2h
抗拉强度 R_m/MPa	255	270	285	205	200	185	178
屈服强度 R_p/MPa	210	210	220	137	134	125	110
伸长率 A（%）	0.18	0.23	0.25	18.5	16.5	15.5	13.5

结合图 8-16 和表 8-2，多道次轧制后，镁/铝合金复合板综合力学性能优异；经后续低温退火处理，可一定程度地改善复合板的抗拉强度和伸长率。但是，随着温度的升高（>300℃），复合板的抗拉强度和伸长率会发生明显下降，这主要是复合板连接界面扩散层厚度的明显增加引起的。

综上分析，针对镁/铝合金爆炸焊接复合板，通过后续热轧成形可获得不同所需尺寸板厚的镁/铝合金复合板；且经过合适工艺的退火处理，可以在一定程度上改善其抗拉强度和伸长率。然而，镁/铝合金复合板连接界面的金属间化合物扩散层厚度和镁合金晶粒长大受热处理温度和时间的影响较敏感。需要严格控制热处理温度和时间，才能获得综合力学性能优异的镁/铝合金复合板。

8.5 本章小结

本章研究了镁/铝合金爆炸轧制复合板的成形工艺和复合板连接界面组织和性能的演变规律。得到以下主要结论：

1）采用 Gleeble 热压缩实验表征分析了压缩变形过程中，镁/铝合金复合板连接界面的协调变形行为；在400℃下进行不同应变速率的压缩变形，连接界面处的镁合金和铝合金侧均可实现较均匀的协调形变。

2）对镁/铝合金爆炸焊接复合板进行后续退火、不同压下率的轧制成形和同一压下率的多道次轧制成形，均可获得成形良好、复合板拉伸性能优异的镁/铝合金爆炸轧制复合板。

3）镁/铝合金爆炸轧制复合板连接界面的扩散层厚度对轧制热处理和后续退火处理温度、时间影响敏感，对应复合板拉伸性能差异较大；严格控制其退火温度和时间，可实现综合力学性能优异的镁/铝合金爆炸轧制复合板的薄板制备。

参 考 文 献

［1］ JIANG H T, YAN X Q, LIU J X, et al. Effect of heat treatment on microstructure and mechanical property of Ti-steel explosive-rolling clad plate ［J］. Transactions of Nonferrous Metals Society of China, 2014, 24 (3): 697-704.

［2］ 马志新, 李德富, 胡捷, 等. 采用爆炸-轧制法制备钛/铝复合板 ［J］. 稀有金属, 2004, 28 (4): 797-799.

［3］ 王东亚. 镁/铝爆炸复合板轧制工艺及界面行为研究 ［D］. 太原: 太原理工大学, 2017.

［4］ 陈志青. 镁/铝爆炸焊复合板热加工过程中结合界面研究 ［D］. 太原: 太原理工大学, 2019.

［5］ QIAO X G, LI X, ZHANG X Y, et al. Intermetallics formed at interface of ultrafine grained Al/Mg bi-layered disks processed by high pressure torsion at room temperature ［J］. Materials Letters, 2016, 181 (10): 187-190.

［6］ WANG L, WANG Y, PRANGNELL P, et al. Modeling of intermetallic compounds growth between dissimilar metals ［J］. Metallurgical and Materials Transactions A, Physical Metallurgy & Materials Science, 2015, 46A (9): 4106-4114.

［7］ ZHANG N, WANG W, CAO X, et al. The effect of annealing on the interface microstructure and mechanical characteristics of AZ31B/AA6061 composite plates fabricated by explosive welding ［J］. Materials & Design, 2015, 65: 1100-1109.

［8］ 聂慧慧. Al/Mg/Al 层合板的微观组织结构和热变形行为 ［D］. 太原: 太原理工大学, 2017.

［9］ 申潞潞. 镁/铝合金爆炸复合板轧制过程的数值模拟 ［D］. 太原: 太原理工大学, 2015.

第9章

脉冲电流辅助镁/铝合金轧焊复合板制备及其界面连接行为

9.1 引言

综前所述，爆炸焊接复合制备技术可获得连接界面结合性能优异的镁基层状金属复合板。然而，爆炸焊接复合技术存在环境污染大和制备效率低的不足。基于操作简单和生产率高的特点，轧制复合法是目前工程推广用于复合板制备的理想技术。面对易氧化金属板材在复合轧制制备过程中，复合板待连接界面的表面氧化膜和异种金属协调变形这一瓶颈[1-3]，目前有焊接+轧制复合[4,5]、真空组坯轧制复合[6-8]和对称组坯轧制复合[9,10]等解决思路。

脉冲电流辅助轧制技术是传统轧制复合技术的改进，基于电致塑性效应理论[11]。祖国胤等人[12,13]提出基于脉冲电流在线加热复合轧制技术，并在实验室条件下实现了不锈钢/碳钢、碳钢/铝合金、不锈钢/铝合金复合带材的加工制备。研究发现，基于高频电流的集肤效应和邻近效应，可以实现复合带材加工制备过程中加热层的厚度很薄；并通过在加热区充氩气保护，避免金属氧化和有效控制连接界面金属间化合物层的目的。任忠凯等人[14]通过真空组坯+脉冲电流辅助轧制复合的方法，在实验室条件下实现了 TA1/304 复合板的制备。通过对比通电前后的复合板组织性能，发现脉冲电流辅助轧制成形工艺可以改善复合板的力学性能。

本章以镁/铝合金复合板为例，提出脉冲电流辅助轧焊制备技术，探索脉冲电流频率参数（高频、低频及高频+低频复合）对复合板制备质量的影响规律，重点探讨在脉冲电流参数作用下，复合板连接界面的结构形貌特征和界面的微观结合机理。

9.2 脉冲电流辅助轧焊复合板制备技术

9.2.1 脉冲电流作用复合板连接界面温度场分布

设计脉冲电流作用下的镁/铝合金复合板轧制复合试验，试验材料选用 AZ31B 镁合金与

5052 铝合金板材,材料的化学成分见表 9-1 和表 9-2。金属板材的尺寸均为 100mm×25mm×2mm。脉冲电流参数为电流 300A、占空比 50%、频率 30kHz,持续通电 2min;制备过程中,通过 D600 热成像仪和在复合板表面与连接界面分别布置热电偶进行温度监测。

表 9-1　AZ31B 镁合金板化学成分　　　　　　　　　　（质量分数,%）

材料	Mg	Al	Zn	Mn	Si	Ca	Cu
AZ31B	余量	3.2	1.4	0.7	0.07	0.04	0.01

表 9-2　5052 铝合金板化学成分　　　　　　　　　　（质量分数,%）

材料	Al	Mg	Si	Cr	Cu	Mn	Zn
5052	余量	2.3	0.3	0.15	0.1	0.1	0.09

图 9-1a 所示为通电 120s 时热成像仪测得的试样表面温度,图 9-1b 所示为通电过程中热电偶测得的复合板连接界面和表面温升曲线。

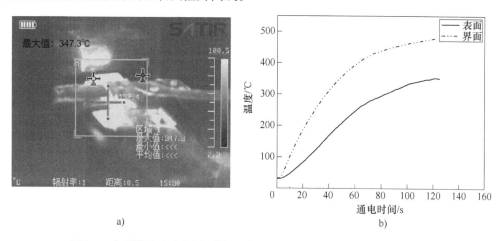

a)　　　　　　　　　　　　　　　　b)

图 9-1　高频脉冲电流作用下镁/铝合金复合板连接界面和表面温度分布

对比分析可以发现,复合板连接界面处的温度比表面的温度值高,以通电 120s 时刻为例,复合板连接界面处温度值达到了 478.4℃,比表面的 347.3℃高约 35.8%。综合分析发现,通电过程中,引起复合板连接界面局部温度高的原因主要有两方面:①高频脉冲电流的集肤效应和邻近效应,②金属板材的表面粗糙度引起的连接界面微区局部接触电阻的增大。

9.2.2　高频脉冲电流辅助轧焊成形工艺

图 9-2 所示为实验室条件下设计的脉冲电流辅助轧焊制备镁/铝合金复合板的工艺流程图。选用轧制压下率为 16.8%、22.3%、27.0%、32.0%、37.8%、42.5%分别进行轧制试验。脉冲电流参数为电流 300A、占空比 50%、频率 30kHz,持续通电 2min。

9.2.3　低频脉冲电流辅助轧焊成形工艺

为了研究不同脉冲频率加载作用对复合板制备的影响,设计了低频脉冲电流的加载方

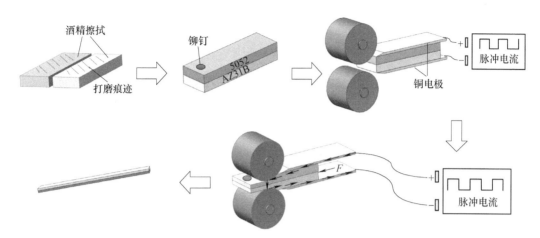

图 9-2　脉冲电流辅助轧焊制备镁/铝合金复合板的工艺流程图

式。选用相同试验材料及电流加载装置。设计轧制工艺参数分别为：压下率 37%、脉冲电流 300A、频率 1000Hz、占空比 50% 和通电时间 90s。

9.3　高频脉冲电流辅助轧焊镁/铝合金复合板制备

9.3.1　复合板宏观形貌

图 9-3 所示为在不同压下率下，高频脉冲电流辅助轧焊制备的 AZ31B/5052 合金复合板宏观形貌图。

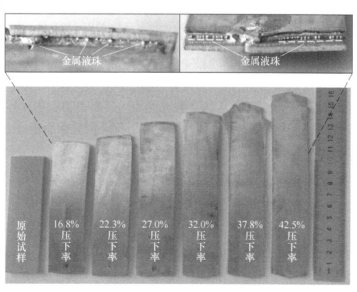

图 9-3　AZ31B/5052 合金复合板

由图 9-3 可知，镁/铝合金复合板呈表面平整、边缘几乎无边裂；随着压下率的增大，复合板沿轧制方向延展明显；在复合板端部连接界面处可观察到熔融金属被挤出形成的

"金属液珠"。图 9-4 所示为对连接界面挤出的金属液珠进行 SEM 形貌和 EDS 线扫描分析结果。

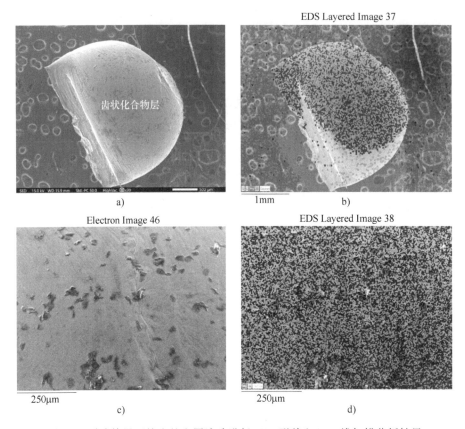

图 9-4　对连接界面挤出的金属液珠进行 SEM 形貌和 EDS 线扫描分析结果

由图 9-4 可知，金属液珠的成分主要以化学成分分布均匀的 Mg、Al 元素为主，推测是由于连接界面局部高温（超过共晶温度 437℃）生成 Mg-Al 共晶液相，在轧制压力作用下从连接界面被挤出，冷却凝固形成了小液珠形貌。此外，局部液相金属从连接界面挤出的同时，还携带出了待连接界面表面存在的一些氧化皮等杂质（图 9-4c 和 d），这有利于保证镁/铝合金连接界面的洁净和与新鲜金属层的直接接触。

9.3.2　复合板连接界面结构形貌

图 9-5 所示为不同压下率下脉冲电流辅助轧焊镁/铝合金复合板连接界面 SEM 线扫描图。

由图 9-5a 可以发现，连接界面出现较厚且均匀的过渡层；对比 22.3%（图 9.5b）和 27.0%（图 9.5c）压下率试样，连接界面过渡层形貌转变为"齿状"结构且厚度逐渐减薄；随着轧制压下率继续增大，其过渡层逐渐不明显且连接界面形貌趋于平直，如图 9-5d～f 所示。综合分析，在高频脉冲电流作用下，复合板获得了小压下率复合，其连接界面形成了"齿状"结构，这区别于传统的轧制复合板连接界面[15,16]。其原因是高频脉冲电流作用的集肤效应和邻近效应，导致连接界面微区温度达到共晶反应温度或母材熔点而发生部分母材

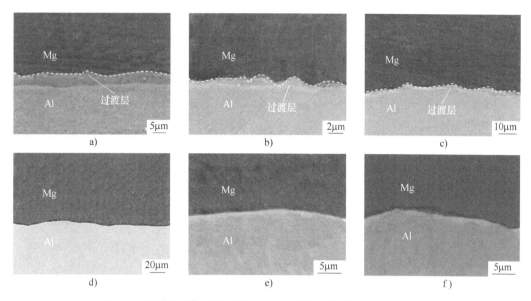

图 9-5　不同压下率下镁/铝合金复合板连接界面的 SEM 线扫描图

a）16.8%压下率　b）22.3%压下率　c）27.0%压下率　d）32.0%压下率　e）37.8%压下率　f）42.5%压下率

金属熔化，并在一定的压力作用下，熔融金属被挤出形成金属液珠。当压下率较小时，被挤出的熔融金属较少，连接界面保留了局部熔化金属形成的较厚过渡层；但随着压下率的增大，挤出熔融金属增多，过渡层逐渐转变为不规则的"齿状"结构，随后趋于平直。

为了进一步分析复合板连接界面过渡层的物相组成，对不同压下率的镁/铝合金复合板连接界面进行 SEM 形貌和 EDS 线扫描分析，得到结果如图 9-6 所示。

由图 9-6a 和 b 可知，当压下率为 16.8%时，扩散层厚度最大，约为 7.8μm；随着压下率增大，界面扩散层厚度持续减小，直至趋于稳定值，如图 9-6b ~ f 所示。根据传统热轧和扩散理论，随着压下率或压力增大，扩散层厚度增加[22]，显然脉冲电流辅助轧焊区别于传统的热轧，这主要是高频脉冲电流在连接界面的分布和作用机理导致的。电流辅助轧焊过程中，镁合金与铝合金板的待结合区尖端由于接触电阻较大，形成局部高温区，加之高频电流的集肤效应和邻近效应，使得待结合界面微区温度升高，甚至达到共晶点或母材熔点以上[23]。随着轧制压下率的增大，镁/铝合金连接界面之间的接触电阻变小，局部高温导致的基体融化减少，而连接界面的金属塑性变形和延展性增大，且因局部熔化的液态金属被大部分挤出，其连接界面形貌趋于平直。

本研究中，随着压下率增大，基体塑性变形增加，机械能转化为热能增多，连接界面温度升高，理论上 IMCs 厚度也应该增加。然而，随着温度升高和压下率的增大，界面熔融金属液相挤出增多，IMCs 厚度随之减少。因此，在温度和压力共同作用下导致了 IMCs 厚度趋于稳定值。

9.3.3　复合板连接界面组织成分

为了探讨不同脉冲频率参数和电流参数对镁/铝合金复合板制备的影响，设计了轧制压下率为 33%、占空比为 50%、通电时间为 2min、电流值分别为 300A 和 400A，以及脉冲频

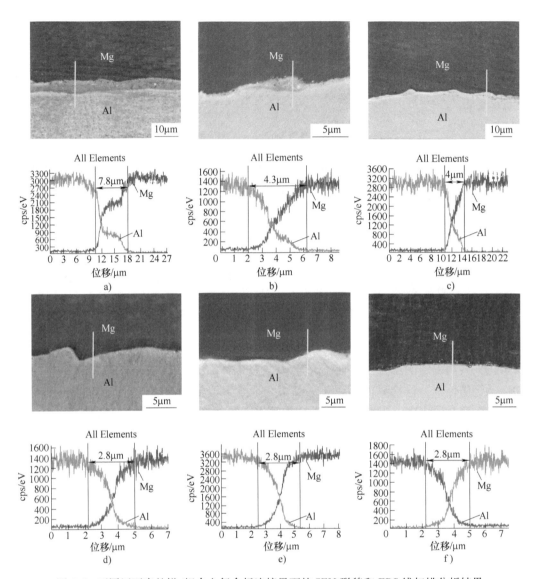

图 9-6　不同压下率的镁/铝合金复合板连接界面的 SEM 形貌和 EDS 线扫描分析结果

a) 16.8%压下率　b) 22.3%压下率　c) 27.0%压下率　d) 32.0%压下率　e) 37.8%压下率　f) 42.5%压下率

率分别为 30kHz、40kHz 和 50kHz 工艺参数下的镁/铝合金复合板轧制试验。图 9-7 所示为高频脉冲电流作用制备镁/铝合金复合板连接界面镁合金侧的组织形貌。

　　对比不同脉冲频率和电流参数下，镁合金侧近界面区的组织形貌特征可以发现，当脉冲频率为 30kHz、脉冲电流为 300A 时（图 9-7a），镁合金侧的组织形貌以孪晶和局部细小的再结晶晶粒为主；当脉冲频率为 30kHz、脉冲电流增加到 400A 时（图 9-7b），镁合金侧近界面区组织呈粗大多边形晶粒和局部细小再结晶晶粒组成的混晶组织形貌；当脉冲电流为 300A、脉冲频率增加至 40kHz 时（图 9-7c），镁合金侧近界面区组织以多边形晶粒和大量的孪晶组织形貌为主；当脉冲电流为 300A、脉冲频率继续增加至 50kHz 时（图 9-7d），镁合金侧组织形成了明显的 45°方向交叉的剪切带组织，且剪切带起始位置为距离连接界面约

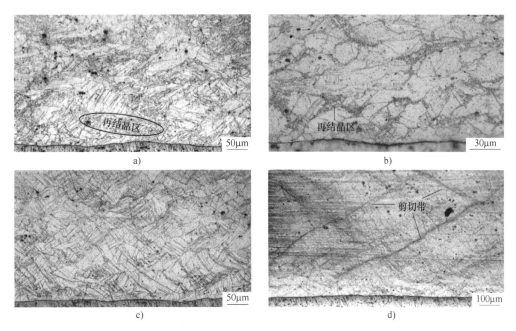

图 9-7　高频脉冲电流作用制备镁/铝合金复合板界面镁合金侧的组织形貌

a）300A-30kHz　b）400A-30kHz　c）300A-40kHz　d）300A-50kHz

100μm 的位置，这说明镁合金侧近界面区域呈现一个温度场梯度的分布，即近界面约 100μm 区域内温度高，对应的组织以再结晶晶粒为主；而远离界面区域温度低，以剪切带组织为主。

综合分析，镁合金侧近界面区的组织呈现梯度分布特征，这主要是由镁合金侧温度梯度分布导致的。随着高频脉冲频率的增大，集肤效应和邻近效应更加明显，导致镁合金侧板材横截面温度场分布的不均匀性程度增加，即形成了板材上、下表面温度较高，而远离界面区域的温度较低的温度梯度。

9.3.4　复合板连接界面结合强度

为进一步分析高频脉冲电流辅助轧焊镁/铝合金复合板连接界面的结合强度，进行拉-剪试验表征分析，得到如图 9-8 所示连接界面剪切强度与压下率散点图。

由图 9-8 可知，随着压下率增加，连接界面剪切强度呈现先下降后缓升的趋势，即分为 S1、S2 两个阶段。S1 阶段压下率由 16.8% 增长至 27.0%，剪切强度由 27.87MPa 下降至 14.94MPa；S2 阶段压下率由 32.0% 增长至 42.5%，剪切强度由 15.22MPa 升高至 17.54MPa。为分析连接界面剪切强度出现该变化的原因，对拉-剪试样断口进行了 SEM 形貌和 EDS 面扫描分析，铝合金侧断口形貌和元素分布如图 9-9 所示。

由图 9-9a 和 b 可知，16.8% 压下率和 22.3% 压下率下铝合金侧拉-剪断口可见大片的块状物。EDS 面扫描结果表明，该块状物的主要元素为 Mg，且块状物上呈现韧脆混合撕裂特征（图 9-9a 中线框处），推测在剪切力作用下连接界面处由于结合强度高，将部分镁合金基体撕扯下来，证实其连接界面以冶金结合为主。由图 9-9c 可知，27.0% 压下率试样拉-剪断口上没有明显 Mg 元素块状组织，此时其界面结合机理以部分冶金结合和机械咬合为主[17]。

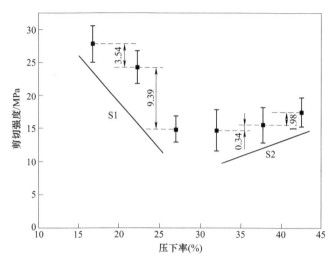

图 9-8　高频脉冲电流辅助轧焊镁/铝合金复合板连接界面剪切强度与压下率散点图

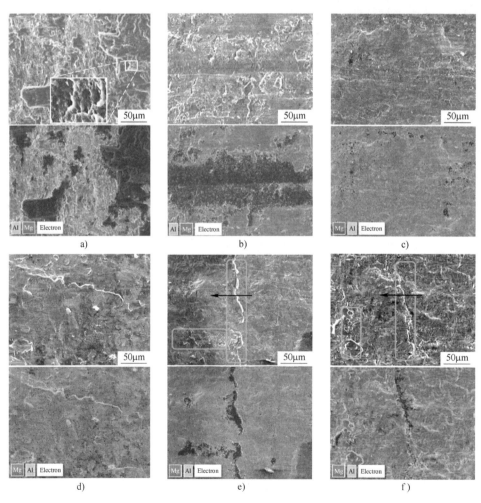

图 9-9　镁/铝合金复合板拉剪试样铝合金侧断口 SEM 形貌和 EDS 面扫描分析结果

a）16.8%压下率　b）22.3%压下率　c）27.0%压下率　d）32.0%压下率　e）37.8%压下率　f）42.5%压下率

图 9-9c 和 d 表明，压下率为 27.0% 和 32.0% 的铝合金侧拉-剪断口 Mg 元素含量和界面剪切强度接近，推测其原因可能是连接界面熔化金属在该压下率下几乎全被挤出，即连接界面因局部金属熔化形成的过渡层几乎全部被挤出连接界面，此时以少量冶金结合和机械咬合为主。

由图 9-9e 和 f 可知，压下率为 37.8%、42.5% 的拉-剪试样铝合金侧断口图中出现垂直和平行于轧制方向的絮条状形貌（图 9-9e 和 f 中线框处），且 EDS 面扫描图中絮条状形貌处均有 Mg 元素。分析其原因，在大压下率下板坯在垂直和平行于轧制方向有较大的塑性变形，局部区域氧化膜破碎新鲜金属接触并促使形成元素扩散达到新的冶金结合[18]。这也是 S2 阶段连接界面剪切强度随压下率增大有所回升的主要原因。

9.4　低频脉冲电流辅助轧焊镁/铝合金复合板制备

9.4.1　复合板宏观形貌

图 9-10 所示为低频脉冲电流辅助轧焊镁/铝合金复合板的宏观形貌。

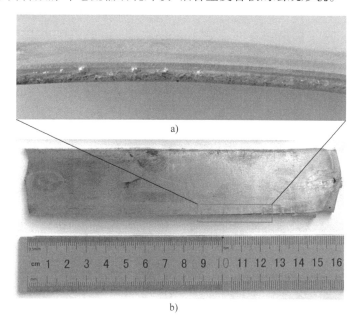

图 9-10　低频脉冲电流辅助轧焊镁/铝合金复合板的宏观形貌

对比高频脉冲电流作用（图 9-3）和低频脉冲电流作用（图 9-10）的复合板宏观形貌，可以发现：高频或低频脉冲电流辅助作用均可实现镁/铝合金复合板的成功制备；复合板连接界面均存在不同程度的局部基体金属熔化被挤出的金属液珠现象；与高频脉冲电流作用相比，低频脉冲电流作用时，镁/铝合金复合板连接界面挤出的金属液珠较少。

基于这一现象，推测脉冲电流辅助轧制复合制备镁/铝合金复合板时，除了高频脉冲电流发挥的集肤效应和邻近效应，连接界面的局部接触电阻增大对复合板连接界面温度升高也有重要的贡献。

9.4.2　复合板连接界面组织成分

对低频脉冲电流辅助轧焊镁/铝合金复合板的连接界面结构形貌和组织成分进行表征分析，选取有金属液珠挤出的连接界面为典型区域分析，得到如图 9-11 所示结果。

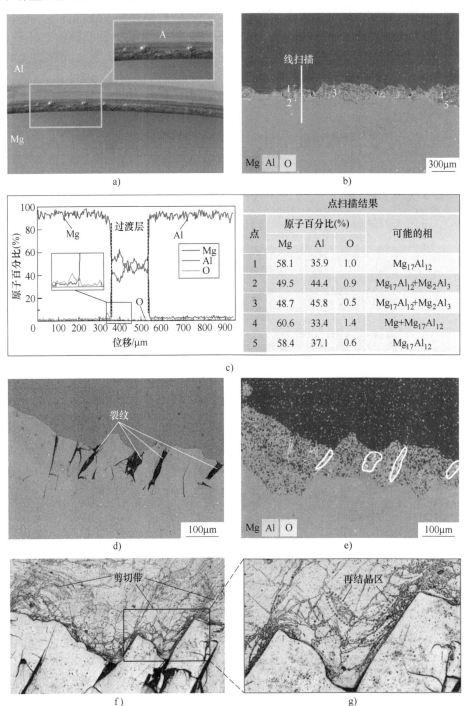

图 9-11　低频脉冲电流辅助轧焊镁/铝合金复合板连接界面结构形貌和组织特征

由图 9-11a 和 b 可知，在镁/铝合金复合板连接界面形成了一层"齿状"结构的过渡层；结合图 9-11c 的结果，证实该过渡层的物相组成以镁铝金属间化合物相为主，包括 $Mg_{17}Al_{12}$、Mg_2Al_3 和 α-Mg。结合挤出的金属液珠形貌，推测其形成原因：①连接界面局部高温导致 Mg-Al 发生共晶反应，生成共晶液相被挤出；②在轧制压力作用下，连接界面 Mg、Al 元素互相扩散形成了 $Mg_{17}Al_{12}$ 和 Mg_2Al_3 相的扩散层。

由图 9-11d 所示的过渡层结构可以发现，"齿状"结构根部和间隙区域均存在微裂纹缺陷，结合图 9-11c 所示的成分表征结果，证实在"齿状"结构间隙处存在 O 元素的聚集。复合板连接界面 O 元素的存在主要是由于该制备工艺是在大气环境下进行的，且连接界面未通氩气等保护气体。

由图 9-11e 和 f 所示的镁合金侧近界面区组织形貌特征可知，镁合金组织整体呈规则的多边形晶粒形貌，且靠近界面区域的平均晶粒尺寸细小；沿着 45° 方向存在剪切带组织形貌特征，剪切带中心是"链状"细小晶粒组成的再结晶区。该区域的动态再结晶晶粒形貌形成的原因主要是材料的局部塑性形变生热为动态再结晶提供驱动力。

综上分析，脉冲电流辅助在线加热轧制成形制备的镁/铝合金复合板，其连接界面近界面区的组织形貌，特别是剪切带的形成是区别传统热轧制备的组织形貌，传统热轧制备的镁/铝合金复合板镁合金侧组织以细小、均匀的动态再结晶晶粒为主[19-21]。类似的 45° 方向剪切带形貌在爆炸焊接复合板中较常见[22-24]，剪切带形成的原因主要是基体镁合金塑性变形差，且发生局部大塑性变形综合作用导致的。前期研究已经证实，对于轧制复合制备的镁/铝合金复合板，其连接界面形成再结晶晶粒利于复合板力学性能的提高[1,25]。

9.4.3 复合板连接界面结合强度

对低频脉冲电流辅助作用制备的镁/铝合金复合板的连接界面强度进行表征分析，设计了压-剪试验。试样取样和试验过程如图 9-12 所示。复合板连接界面的剪切强度、剪切断口形貌及剪切载荷作用下的复合板连接界面的失效断裂路径示意图如图 9-13 所示。

由图 9-13a 可知，镁/铝合金复合板连接界面的剪切强度达到了 70.37MPa，明显高于传统热轧制备获得的镁/铝合金复合板连接界面结合强度。根据图 9-13b 所示复合板铝合金侧的剪切断口形貌可以发现，铝合金表面存在大块镁合金基体剥离留下的痕迹，说明镁/铝合金复合板连接界面存在镁、铝合金基体高强啮合的区域，在剪切力的作用下，连接界面的失效断裂路径从连接界面扩展并穿

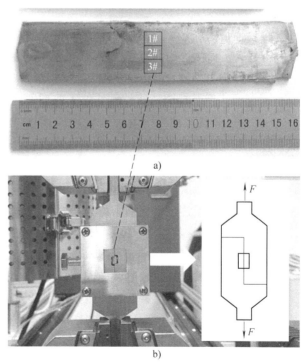

图 9-12 镁/铝合金层状复合板压-剪试样取样和试验过程图

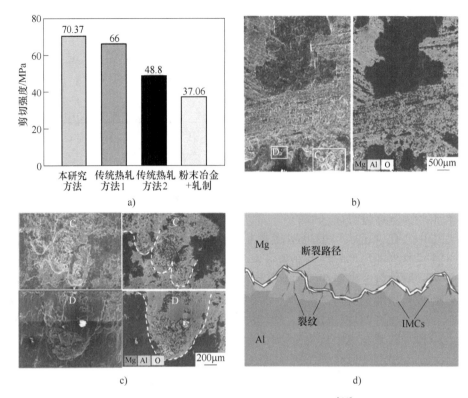

图 9-13　复合板连接界面的压-剪试验结果[26]

a）连接界面剪切强度　b）和 c）剪切断口形貌　d）连接界面失效断裂路径示意图

过部分镁合金基体区域。此外，铝合金基体表面发现大面积 Mg、Al 元素相间和混合的区域，对应复合板连接界面的过渡区形貌特征，推测该形貌对应的失效断裂路径为裂纹穿过金属间化合物过渡层时留下的痕迹。图 9-13c 为图 9-13b 所示的剪切断口边缘处的区域 C 和区域 D 的局部放大图及对应的面扫描结果，典型熔融金属液相从连接界面区被挤出时留下的"河流"花样，且该区域的化学成分为 Mg、Al 元素混合分布。这一特征形貌也佐证了即使在低频脉冲电流作用下，镁/铝合金复合板连接界面依然出现了镁、铝合金基体组元局部熔化形成的混合液相区。结合镁-铝合金二元相图分析，可推测这可能是由于该区域局部高温导致部分基体组元金属发生镁-铝共晶反应而生成共晶液相。

综合上述复合板连接界面的高剪切强度和特征断口形貌，可以推测在剪切力的作用下，该连接界面的失效断裂路径（图 9-13d）为：裂纹在排列分布的过渡层间隙或裂纹处萌生、并穿过过渡层；同时，沿着镁合金基体与过渡层连接界面、铝合金基体与过渡层的连接界面，以及过渡层中的微裂纹缺陷区域进一步扩展，直至穿过整个连接界面而失效断裂。

这一失效断裂路径也恰好解释了该技术制备的镁/铝合金复合板连接界面剪切强度高于传统热轧复合板结合强度的原因。①一定厚度金属间化合物过渡层的形成，保证了复合板连接界面实现了冶金结合，使得界面结合强度比单纯机械啮合的结合强度高；②不规则"齿状"结构形貌过渡层的形成，使得连接界面强度比均匀且平直的 $Mg_{17}Al_{12}$ 和 Mg_2Al_3 扩散层界面的剪切强度更高。

9.5　脉冲电流辅助轧焊复合板连接界面的接合机理

综前所述，采用单一高频脉冲电流作用或低频脉冲电流辅助轧制成形技术，均在实验室条件中实现了大气环境下（复合板连接界面未加气氛保护）的镁/铝合金复合板制备。对复合板连接界面宏观形貌、微观组织成分和连接界面强度进行综合分析，证实该复合板连接界面实现了冶金结合机理的焊接连接界面。可将该结合机理归结为：由界面微区部分母材熔化的熔钎焊接、界面原子互扩散的扩散连接和界面基体组元塑性形变的机械啮合连接综合作用的接合机理，其界面结合过程如图 9-14 示意图所示。

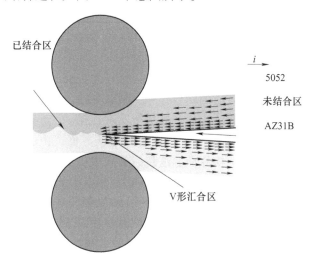

图 9-14　脉冲电流辅助轧焊制备镁/铝合金复合板过程示意图

在轧制复合过程中，镁/铝合金复合板在轧制载荷作用下，其连接界面待复合区会形成一个 V 形汇合区。脉冲电流作用路径是从镁合金覆板一侧导入，从铝合金基板一侧导出，即在待复合连接界面的 V 形尖端汇合区。因此，在脉冲电流的作用下，复合板连接界面尖端因局部接触电阻导致局部高温区的形成。同时，与低频脉冲电流作用对比，高频脉冲电流的趋肤效应和邻近效应作用机制直接影响的是复合板横截面温度场梯度的分布差异。

此外，由于复合板连接界面表面粗糙度的存在，该复合板连接界面连接过程在空间上一定经历"点-线-面"的连接阶段。因此，建立如图 9-14 所示的示意图解释该复合板制备过程中连接界面的连接过程，基于物理空间尺度和轧制过程时间尺度，将连接过程划分为三个阶段：物理距离靠近阶段、"点-线-面"区的物理接触阶段和化学冶金反应阶段。

（1）物理距离靠近阶段　该阶段，连接界面微区主要发生电弧放电，有助于金属表面氧化膜破碎，为下一步的新鲜金属表面接触和有效连接做准备。

待复合区域的尖端微区受轧辊剪切力的作用，在复合板坯横截面上的基体组元金属会发生一定的塑性变形而实现物理距离的相互靠近。由于金属板材表面粗糙度和一些物理缺陷（如划痕）等，由于基体金属发生塑性变形的过程，覆层金属板与基层金属板连接部位一定存在局部"点-点"的靠近。在脉冲电流场的作用下，当其物理空间距离达到一定数值时，会发生空气电离的电弧放电现象。

从固-固界面连接的角度分析,此阶段主要发生原始金属固-固表面的破裂,一方面是由于微区电弧放电导致的氧化膜破碎;另一方面是由于在轧制载荷作用下,基体金属发生塑性变形的机械能场和由机械能转化成热能的能量作用,使得部分金属表面氧化膜破碎。

值得说明的是,在复合板制备过程中,第一阶段的电弧放电现象有时也不会发生;有时可能是连接部位的多点、多区域同时发生。因为微区电弧放电现象的发生必须同时满足一定电势场、电流参数和空间物理距离的严苛条件。

复合板固相复合理论中目前应用较广泛的是机械啮合理论、能量理论和薄膜理论[12],其本质是解释复合板连接过程中的氧化膜破碎机理,为下一步新鲜金属基体的物理和化学反应连接做准备。

(2)物理接触阶段 该阶段,复合板连接界面局部温度升高,在压力作用下主要发生塑性形变的机械啮合和异质元素的互扩散。

随着基体塑性变形程度的不断增大及组元部分接触界面的形成,复合板连接部位的局部接触电阻瞬时增大,V形汇合区的温度随之升高。同时,若是加载高频脉冲电流,基于趋肤效应、邻近效应和接触电阻影响效应的综合作用,以提供原子扩散的热力学和动力学条件,使得连接界面的异质金属原子被激活,通过互扩散实现连接。

综合低频脉冲电流作用制备的镁/铝合金复合板连接界面,由于基体组元物理接触阶段引起的局部接触电阻增大,导致连接界面温度瞬时升高或局部母材金属熔化,保证复合板连接界面实现焊接冶金连接效果,是该制备技术的最大亮点。此外,脉冲电流频率(高频或低频)的导入,直接影响复合板横截面温度场的分布梯度,其中高频电流由于趋肤效应和邻近效应作用对连接界面局部温升有帮助。

(3)化学冶金反应阶段 该阶段,复合板连接界面瞬时高温,使得母材金属局部熔化或发生共晶反应,在压力作用下,连接界面复合连接并伴随液相金属挤出。

图9-15所示为压下率为16.8%时,高频脉冲电流辅助作用下镁/铝合金复合板连接界面的外观形貌。可以发现在复合板横截面处有明显挤出金属液珠的现象。

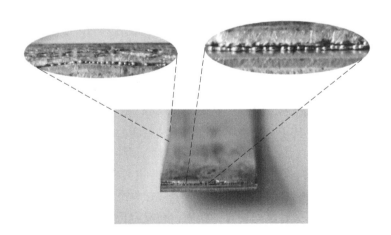

图9-15 高频脉冲电流辅助作用下镁/铝合金复合板连接界面的外观形貌

对其连接界面进行 SEM 和 EDS 分析表征,结果如图9-16所示。如图9-16a所示,连接界面过渡层出现黑色块状组织;图9-16b~e 的 EDS 结果表明,该块状组织成分以 Mg 元素为主，同时存在少量 Al 和 O 元素。结合 Mg-Al 二元相图，共晶转变为 L→Mg$_{17}$Al$_{12}$+α-Mg。因此，不难推测复合板连接界面过渡区发生了共晶转变[27]，在轧制力作用下熔融共晶液相被挤出形成金属液珠现象，而促使共晶发生的条件是界面的局部高温（图 9-1）。

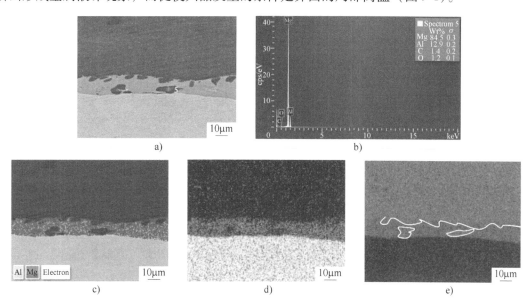

图 9-16　16.8%压下率镁/铝合金复合板界面的 SEM 形貌及对应的 EDS 结果

在脉冲电场+轧制力场的共同作用下，接触电阻引起的瞬时高温和高频脉冲电流的趋肤效应、邻近效应综合作用，会导致连接界面微区温度达到 Mg-Al 共晶反应温度，甚至局部区域超过基体组元的熔点（电弧放电时）。因此，这个阶段的复合板连接界面的接合机理可归纳为由连接界面塑性形变的机械啮合连接，以及界面形成局部熔融液相的焊接连接和元素互扩散的扩散连接机理综合作用，如图 9-17 所示。

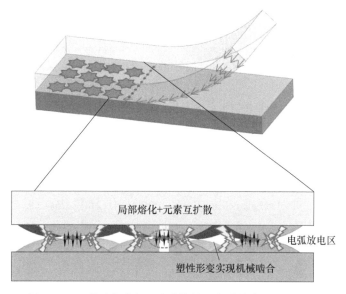

图 9-17　V 形压力形变区及连接界面尖端接合机理示意图

实际上，进行异种金属复合连接时，第二阶段和第三阶段可能是同步进行的，很难明确区分。这是由于在异种金属复合制备过程中，连接界面存在表面粗糙度而凹凸不平，连接界面微区发生物理、化学和冶金反应的热力学和动力学条件不同，在温度场和应力应变场耦合作用下，局部熔化和原子扩散可能是同时、同步进行的。

综上分析，脉冲电流频率参数、V形张角和轧制工艺参数均是脉冲电流辅助镁/铝合金复合板制备的关键影响因素，也是调控制备复合板性能的有效手段。关于这部分研究工作，将从实验设计和数值模拟角度继续不断地深入探讨，以期为其他材料复合板的制备和复合板的工程生产应用提供理论支撑。

9.6 本章小结

1）采用单一高频脉冲电流作用或低频脉冲电流辅助轧制成形技术，在实验室条件中均实现了大气环境下（复合板连接界面未加气氛保护）的镁/铝合金复合板制备。

2）高频脉冲电流作用和低频脉冲电流作用制备的镁/铝合金复合板连接界面在宏观上出现了不同程度的金属液珠挤出现象；金属液珠挤出区域连接界面微观上呈现"齿状"过渡层的结构形貌，排列分布的"齿状"结构过渡层间隙存在O元素富集，局部伴随有微裂纹缺陷。

3）提出了脉冲电流辅助轧焊镁/铝合金复合板制备技术，实现了镁/铝合金异质界面的焊接冶金结合；复合板界面连接过程综合了塑性形变的机械啮合结合机理、元素互扩散接合机理和局部高温的共晶液相熔化焊接合机理。

4）采用脉冲电流辅助轧焊制备的镁/铝合金复合板，通过调控复合板连接界面结构形貌和组织物相，可以获得高结合强度，抗剪强度最高达到了70.37MPa。

参 考 文 献

[1] WANG T, WANG Y, BIAN L, et al. Microstructural evolution and mechanical behavior of Mg/Al laminated composite sheet by novel corrugated rolling and flat rolling [J]. Materials Science & Engineering (A), 2019, 765: 138318-138400.

[2] 赵博文，周存龙，赵广辉，等. 轧制工艺制备镁铝层合板的研究现状 [J]. 重型机械，2020 (5): 1-8.

[3] ZHAO Z, GAO Q, HOU J, et al. Determining the microstructure and properties of magnesium aluminum composite panels by hot rolling and annealing [J]. Journal of Magnesium & Alloys, 2016, 4 (3): 242-248.

[4] LIN Y, ZHAO D, ZHANG Z, et al. Microstructure and bonding strength of AZ91/Al composite fabricated by brazing and hot-rolling [J]. Materials Science Forum, 2013 (747/748): 264-269.

[5] CHEN Z, WANG D, CAO X, et al. Influence of multi-pass rolling and subsequent annealing on the interface microstructure and mechanical properties of the explosive welding Mg/Al composite plates [J]. Materials Science & Engineering (A), 2018, 723: 97-108.

[6] XIE G M, YANG D H, LUO Z A, et al. The determining role of Nb interlayer on interfacial microstructure and mechanical properties of Ti/Steel clad plate by vacuum rolling cladding [J]. Materials, 2018, 11 (10):

1983-2000.

［7］ 骆宗安，陈晓峰，谢广明，等．真空轧制 825 合金/X65 钢复合板的组织性能［J］．钢铁，2017，52（3）：64-69；81.

［8］ 骆宗安，谢广明，王光磊，等．界面微观组织对真空轧制复合纯钛/低合金高强钢界面力学性能的影响［J］．材料研究学报，2013，27（6）：569-575.

［9］ 杨霞，贺东升，杜晓钟，等．6061 Al/AZ31B Mg/6061 Al 对称复合板的组织与力学性能［J］．稀有金属材料与工程，2021，50（4）：1223-1332.

［10］ LIU B X, WANG S, FANG W, et al. Microstructure and mechanical properties of hot rolled stainless steel clad plate by heat treatment［J］. Materials Chemistry & Physics, 2018, 216：460-467.

［11］ KUANG J, DU X P, LI X H, et al. Athermal influence of pulsed electric current on the twinning behavior of Mg-3Al-1Zn alloy during rolling［J］. Scripta Materialia, 2016, 114：151-155.

［12］ 祖国胤．层状金属复合材料制备理论与技术［M］．沈阳：东北大学出版社，2013.

［13］ 祖国胤，李红斌，李兵，等．高频电流在线加热对不锈钢/碳钢复合带组织与性能的影响［J］．金属学报，2007，43（10）：1048-1052.

［14］ 任忠凯，郭雄伟，李宁，等．脉冲电流对 TA1/304 复合板结合性能的改性机制研究［J］．机械工程学报，2022，58（6）：62-72.

［15］ 李眉娟，刘晓龙，刘蕴韬，等．累积叠轧 Mg/Al 多层复合板材的织构演变及力学性能［J］．金属学报，2016，52（4）：463-472.

［16］ CHEN Z, ZHEN Z, HUANG G, et al. Research on the Al/Mg/Al three-layer clad sheet fabricated by hot roll bonding technology［J］. Rare Metal Materials & Engineering, 2011,（S3）：136-140.

［17］ LI S, LUO C, LIU Z, et al. Interface characteristics and mechanical behavior of Cu/Al clad plate produced by the corrugated rolling technique［J］. Journal of Manufacturing Processes, 2020, 60：75-85.

［18］ XU J J, FU J Y, LI S J, et al. Effect of annealing and cold rolling on interface microstructure and properties of Ti/Al/Cu clad sheet fabricated by horizontal twin-roll casting［J］. Journal of Materials Research & Technology, 2022, 16：530-543.

［19］ ZHANG X P, YANG T H, CASTAGNE S, et al. Microstructure, bonding strength and thickness ratio of Al/Mg/Al alloy laminated composites prepared by hot rolling［J］. Materials Science & Engineering（A）, 2011, 528（4）：1954-1960.

［20］ BIAN M, HUANG X, SAITO N, et al. Improving mechanical properties of an explosive-welded magnesium/aluminum clad plate by subsequent hot-rolling［J］. Journal of Alloys & Compounds, 2022, 898：1-10.

［21］ NIE H, WEI L, CHEN H, et al. Effect of annealing on the microstructures and mechanical properties of Al/Mg/Al laminates［J］. Materials Science & Engineering（A）, 2018, 732：6-13.

［22］ ZHANG N, WANG W, CAO X, et al. The effect of annealing on the interface microstructure and mechanical characteristics of AZ31B/AA6061 composite plates fabricated by explosive welding［J］. Materials & Design, 2015, 65：1100-1109.

［23］ ZHANG T T, WANG W X, ZHANG W, et al. Interfacial microstructure evolution and deformation mechanism in an explosively welded Al/Mg alloy plate［J］. Journal of Materials Science, 2019, 54（12）：9155-9167.

［24］ YAN Y B, ZHANG Z W, SHEN W, et al. Microstructure and properties of magnesium AZ31B-aluminum 7075 explosively welded composite plate［J］. Materials Science & Engineering（A）, 2010, 527（9）：2241-2245.

[25] REN X, HUANG Y, ZHANG X, et al. Influence of shear deformation during asymmetric rolling on the microstructure, texture, and mechanical properties of the AZ31B magnesium alloy sheet [J]. Materials Science & Engineering (A), 2021, 800: 1-11.

[26] ZHANG T T, WANG Y, XU Z B, et. A new method for fabricating Mg/Al alloy composites by pulse current-assisted rolled welding [J]. Materials Letters, 2023, 330, 6 (1): 1-4.